Der große NATURFÜHRER für Kinder

• entdecken • erkennen • bestimmen

Kerstin Landwehr

Compact Verlag

Liebe Leserin, lieber Leser,

wenn du mit offenen Augen durch die Natur streifst oder aber auch mit deiner Familie oder zusammen mit Freunden eine spannende Wanderung unternimmst, entdeckst du sicherlich immer wieder Tiere, Pflanzen und Pilze, über die du gern mehr erfahren würdest. Dann fragst du dich bestimmt: Was ist das für ein Vogel? Oder: Wie heißt dieser Baum? Dieses praktische Nachschlagewerk hilft dir dabei, deinen Blick zu schärfen und all deine Fragen zu beantworten.

Um es für dich einfacher und übersichtlicher zu machen, haben wir das Buch in vier verschiedene Kapitel eingeteilt, in denen du alles Wissenswerte über unsere bekanntesten Tiere, Bäume und Sträucher, Blumen, Gräser und Kräuter sowie Pilze erfährst.

Zu jedem Lebewesen findest du eine passende Abbildung, die dir das Wiedererkennen erleichtert, sowie einen Kasten mit interessanten Angaben zu charakteristischen Merkmalen, Vorkommen, Größe, Farbe und auch Besonderheiten. Abwechslungsreiche Sonderseiten zeigen dir, wie du beispielsweise Tieren im Winter helfen oder die Umwelt besser schützen kannst.

Solltest du ein spezielles Stichwort suchen, kannst du im Anhang des Buches auf Seite 160 nachschlagen. Dort sind die wichtigsten Begriffe alphabetisch geordnet.

Und nun viel Spaß beim Lesen und viel Freude auf der spannenden Reise durch unsere heimische Natur!

Impressum

Text: Kerstin Landwehr
Chefredaktion: Dr. Angela Sendlinger
Redaktion: Anna Häring
Produktion: Wolfram Friedrich
Abbildungen: fotolia.de, Berlin; Gruppo Editoriale Fabbri, Mailand; Lidman Production, Stockholm; Mauritius Bildagentur, Mittenwald; picture-alliance, Frankfurt
Titelabbildungen: Inga Koch
Gestaltung: Axel Ganguin
Umschlaggestaltung: Inga Koch

ISBN 978-3-8174-6147-9
5461471

Besuchen Sie uns im Internet: www.compactverlag.de

INHALT

TIERE

AAL

Wenn der Aal nicht durchs Wasser gleiten würde, dann könnte man ihn glatt mit einer Schlange verwechseln. Er hat einen lang gestreckten Körper und am Rücken eine durchgehende, schmale Flosse.

Aale kommen erst in der Nacht hervor, um auf Futtersuche zu gehen. Zu ihren Lieblingsspeisen gehören Würmer, Larven und Fischlaich.

Die Geburtsstube aller Aale ist die Sargassosee bei den Bermudainseln. Mit dem Golfstrom werden die kleinen Aallarven dann nach Europa getrieben. An den Küsten angekommen, schwimmen sie im Frühjahr in großen Gruppen die Flüsse hinauf und wachsen dort zu ihrer vollen Größe heran. Zum Laichen wandern die erwachsenen Tiere aus den Gewässern im Landesinneren zurück in die Sargassosee. Dabei legen sie innerhalb eines Jahres Strecken von über 5000 Kilometern zurück.

Größe	Weibchen bis 150 cm, Männchen nur bis 60 cm
Gewicht	bis 6 kg
Vorkommen	Europa, Asien, Afrika
Farbe	schwarz bis grün, die Bauchseite ist hellgelb oder weiß
Besonderheiten	kann über feuchtes Land wandern und duch die Haut atmen

AMEISE

Ameisen leben in einem eigenen, hervorragend durchorganisierten Staat. Das Leben in den großen Ameisenhügeln im Wald sieht nur für uns Menschen so wuselig und ungeordnet aus. Jede einzelne Ameise findet sich bestens darin zurecht und weiß ganz genau, was ihre Aufgaben sind.

Ameisen haben sechs Beine und einen Körper, der in Kopf, Brustabschnitt und Hinterteil unterteilt ist. Sie besitzen einen Panzer aus Chitin; das ist eine ziemlich harte Hülle, die das Insekt vor vielen Gefahren schützt.

Alle Ameisen haben Flügel, nachdem sie aus den Eiern geschlüpft sind. Die Arbeiterinnen werfen ihre Flügel aber sofort wieder ab, während die zukünftigen Königinnen und die Männchen ihre Flügel behalten, um zum Hochzeitsflug ausfliegen zu können.

Ameisenköniginnen können bis zu 20 Jahre alt werden, die fleißigen Arbeiterinnen meist nur zwei oder drei Jahre.

Größe	in Europa bis 2 cm
Gewicht	5 mg–1 g
Vorkommen	weltweit
Farbe	bräunlich bis rot
Besonderheiten	transportiert ein Vielfaches ihres eigenen Körpergewichtes

AMSEL

Vor etwa hundert Jahren waren die Amseln noch sehr scheue Vögel, die nur in Wäldern lebten. Doch im Laufe der letzten Jahrzehnte haben sie sich immer mehr an den Menschen gewöhnt und sind aus dem Wald hinaus- und in die Städte hineingeflogen. In Innenstädten, Parks und Gärten hausen sie seither friedlich und in trauter Gemeinschaft mit uns zweibeinigen Nichtfliegern.

Daher können wir uns schon im Frühjahr an ihrem schönen Gesang erfreuen. Wenn sie nicht gerade trällern, stochern Amseln gern auf Futtersuche im Boden nach Würmern oder kleinen Insekten herum. Wenn im Winter der Boden gefroren ist, ernähren sie sich von Früchten und Beeren.

Die Amselmännchen sind schwarz und besitzen einen gelben Schnabel und Augenringe in derselben Farbe. Die Weibchen haben dagegen ein unauffälliges dunkelbraunes Gefieder. Die Amseln können zwei- oder sogar dreimal hintereinander brüten.
Im Nest befinden sich dann zwischen drei und sechs Eier. Die Jungen schlüpfen nach spätestens 14 Tagen aus und bleiben dann noch etwa zwei Wochen im Nest, bevor sie davonfliegen.

Größe	bis 29 cm
Gewicht	ca. 90 g
Vorkommen	Europa, Asien
Farbe	dunkelbraun bis schwarz
Besonderheiten	benutzt den Tarnnamen Schwarzdrossel

APOLLOFALTER

Der Apollofalter trägt auch den Namen Roter Apollo. Das liegt bestimmt an seinen schönen roten Flecken, die wie zwei große Augen aussehen. Die Flügeloberseiten sind weißlich und auf dem Vorderflügel sind ein oder mehrere schwarze Tupfen. Der Hinterflügel schmückt sich mit den roten Augenflecken, die beim Weibchen noch größer als beim Männchen sind.

Der bunte Falter lebt meist an sonnigen und trockenen Orten mit steinigem Untergrund, am liebsten an felsigen Hängen, auf Geröllhalden und sogar an Straßenböschungen oder Steinbrüchen.

Die Eier des Apollofalters werden bereits im Juli und August abgelegt und pünktlich zur Schneeschmelze Ende Januar schlüpfen daraus Raupen aus. Etwa Ende Mai entpuppen sich dann die Raupen und die wunderschönen Falter fliegen los. Leider bietet sich der hübsche Anblick nur für sehr kurze Zeit, denn die Falter leben gerade einmal zwei bis drei Wochen.

Größe	Flügelspannweite bis 75 mm
Gewicht	200–1000 mg
Vorkommen	Europa, Asien
Farbe	gräulich weiß mit roten und schwarzen Flecken
Besonderheiten	steht unter Naturschutz

AUERHUHN

Größe	Weibchen bis 61 cm, Männchen bis 86 cm
Gewicht	ca. 4–5 kg
Vorkommen	Europa, Asien
Farbe	Weibchen graubraun, Männchen dunkelgrau, schwarz
Besonderheiten	Nasenlöcher sind durch Federn vor Kälte geschützt

Die Auerhühner sind besonders für die kältere Jahreszeit und kühlere Gegenden ausgerüstet. Sie tragen nicht etwa Schal und Mütze mit sich herum, haben aber von der Natur ein sehr dickes Paar Federschuhe mitbekommen. Die Füße mit den dicken Federn an den Zehen wirken wie Schneeschuhe und so sackt das Auerhuhn nicht in den Schnee ein. Über den Augen hat es eine auffällig rote, nackte Hautstelle.

Auerhühner lieben stille Wälder. Was auf keinen Fall in einer guten Auerhuhngegend fehlen darf, ist die Möglichkeit, sich ausgiebig im Staub und Sand zu baden. Vor allem Ameisen werden als Erfrischung nach diesem Bad gern gefressen.

Die Nistplätze der Auerhühner befinden sich oft an den Füßen einzelner Bäume oder zwischen den Wurzeln von Baumstümpfen. Die Nestmulde entsteht durch eifriges Scharren im Boden während der Brutzeit. Nach etwa drei Wochen schlüpfen die Jungen aus den Eiern.

AUSTERNFISCHER

Der Austernfischer ist mit seinen roten Strümpfen und dem langen Schnabel ein bunter und auffälliger Bewohner der Küstengebiete, der am liebsten direkt mit Blick aufs Meer wohnt.

Der Austernfischer lebt hauptsächlich an der Meeresküste, weil er dort die leckeren Delikatessen finden kann, von denen er sich ernährt. Mit seinem kräftigen, langen Schnabel knackt er Muscheln, um an das Fleisch zu gelangen. So ein Austernfischer ist richtig gefräßig, er kann an einem Tag bis zu 300 Muscheln fressen.

Größe	40–45 cm
Gewicht	ca. 500 g
Vorkommen	Europa, Afrika
Farbe	schwarz-weiß
Besonderheiten	hat eine laute, schrille Stimme

Wenn ein Austernfischer vier Jahre alt ist, brütet er zum ersten Mal. Dabei wird das Nest an einem erhöhten Sandstrand einfach mit dem Körper in den weichen Boden gedrückt. In das fertige Nest legt das Weibchen dann einmal im Jahr seine Eier.

Austernfischer sind sehr gute Schwimmer und tauchen sogar. Sie bewegen sich unter Wasser durch Flügelschlagen fort.

BACHSTELZE

Die Bachstelze ist ein lustiger, kleiner Vogel mit einem übermütig wippenden Schwanz. Sie ist ständig in Bewegung und du kannst sie sofort an ihren Trippelschritten erkennen.

Bachstelzen leben gern in der Nähe von Wasser. Ist gerade keine Wohnung mit Blick auf einen Bach oder Tümpel zu haben, ziehen sie auch auf eine grüne Wiese oder in den Stadtpark.

Im Herbst, wenn es hier kalt und ungemütlich wird, fliegen die Bachstelzen in den Süden. Am warmen Mittelmeer oder sogar in Nordafrika warten sie den Winter ab und kehren im März wieder zu uns zurück.

Bachstelzen fressen gern Insekten, die sie am Ufer von Bächen oder Flüssen fangen. Zur Brutzeit baut das Weibchen allein ein Nest. In einer Baumhöhle, Mauerspalte oder in einem Holzstapel wird normalerweise aus Moos, Blättern und Halmen die Behausung für den Nachwuchs errichtet. Im April beginnt dann die erste Brutzeit. Die weißgrau getupften Eier werden etwa 14 Tage lang bebrütet, bevor die Jungen den Schnabel aus dem Ei und in die Welt herausstecken.

Größe	ca. 18 cm
Gewicht	bis 25 g
Vorkommen	Europa, Asien
Farbe	schwarz-weiß
Besonderheiten	sehr langer Schwanz

BÄNDER-SCHNECKE

Die Garten-Bänderschnecke ist ein Gartenbewohner, den du bestimmt schon wegen seines schönen Schneckenhauses bewundert hast. Das Gehäuse ist gestreift, der Rand der Gehäuseöffnung weiß. Dadurch kannst du sie gut von ihrem Vetter, der Hain-Bänderschnecke unterscheiden, deren Ränder braun sind.

Bänderschnecken können über fünf Jahre alt werden, wenn sie nicht von Igeln aufgefressen oder vergiftet werden. Wie alle Schnecken braucht auch sie sehr viel Feuchtigkeit. Trockenzeiten überlebt sie, indem sie sich mit ihrem Schleim an einem Baumstamm festklebt und auf Regen wartet. So kann sie wochenlang ausharren.

Bänderschnecken sind Zwitter, das heißt, sie sind gleichzeitig männlich und weiblich. Mit etwa zwei Jahren paaren sie sich das erste Mal und legen dann 40 bis 80 weiße, runde Eier in ein Erdloch. Drei Wochen später schlüpfen viele kleine Schneckchen mit einem winzigen Schneckenhaus auf dem Rücken aus. Dann suchen sich die Jungschnecken sofort selbst ihr Futter.

Größe	ca. 2 cm
Gewicht	ca. 1 g
Vorkommen	Europa
Farbe	gelb, braun, rosa, orange
Besonderheiten	gehört zur Familie der Schnirkelschnecken

BERGMOLCH

Größe	bis 12 cm
Gewicht	ca. 3 g
Vorkommen	Europa
Farbe	Rücken: grau gefleckt, orangefarbener Bauch
Besonderheiten	lebt in Berghöhen bis zu 2500 m

Der Bergmolch ist dort zu Hause, wo es Wälder, Flüsse und bergige Landschaft gibt. Er haust in dichten Laubwäldern oder auch in naturnahen Gärten. Der Bergmolch ist nachtaktiv und wird erst so richtig lebendig, wenn du gerade schlafen gehst. Tagsüber versteckt er sich unter Steinen und ruht sich aus. Sobald es aber dunkel wird, geht er auf die Jagd nach Käfern und Regenwürmern.

Im Winter verfällt der Bergmolch in eine Winterstarre. Wenn die ersten warmen Sonnenstrahlen dann aber auf die Erde fallen, wandert er sofort zum nächsten Tümpel los. Dort sucht er sich ein nettes Weibchen und paart sich.

So ein Bergmolchweibchen kann bis zu 250 Eier legen. Jedes einzelne Ei wird an einer Wasserpflanze befestigt. Nach zwei bis vier Wochen schlüpfen dann die Larven. Sie fressen fünf Monate lang Algen, bevor sie sich in richtige Molche verwandeln.

Leider hat der Bergmolch auch Feinde wie Forellen und Wasserspitzmäuse. Bleibt er von diesen verschont, kann er aber 20 Jahre alt werden.

BIBER

Größe	70–130 cm
Gewicht	bis 35 kg
Vorkommen	Europa, Nordamerika
Farbe	rotbraun
Besonderheiten	zweitgrößtes Nagetier

Das Fell des Bibers ist sehr dicht und lässt kein Wasser durch. Dieses dichte Fell schützt den Biber, da er sonst in dem kalten Wasser bestimmt andauernd erkältet wäre. Der Schwanz ist schuppig und platt. Die Beine sind ziemlich kurz und an den Hinterfüßen hat er Schwimmhäute. Die Nagezähne sind so stark, dass er damit ganze Bäume fällen kann.

Der Biber lebt in einer Biberburg. So eine Biberburg ist richtig gemütlich und aus vielen Stämmen, Knüppeln und Zweigen gebaut. Der Biber nagt sich Höhlen und Gänge dort hinein und verlegt seinen Eingang unter Wasser.

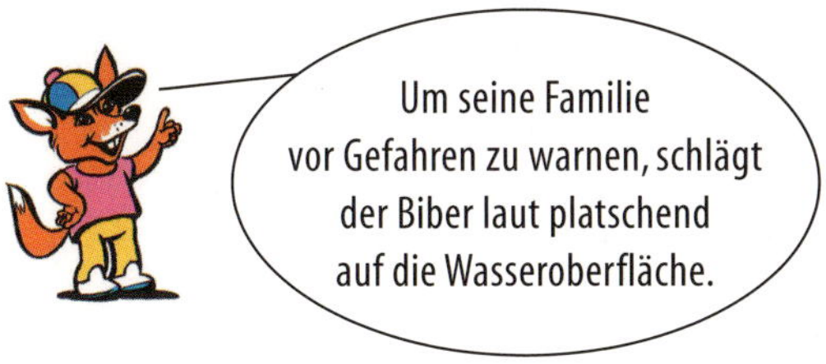

Biber sind hervorragende Schwimmer und können bis zu 15 Minuten lang tauchen. Ihre Nahrung besteht aus Kräutern, Sträuchern, Wasserpflanzen und Bäumen.

Die Paarungszeit der Biber ist im Februar oder März. Das Weibchen bringt nach drei Monaten zwei bis vier Junge zur Welt. Nach einem Monat können die Jungen schon schwimmen und sich selbst versorgen. Biber werden bis zu 50 Jahre alt.

BISAMRATTE

Die Bisamratte sieht beinahe aus wie ein zu klein geratener Biber. Sie hat aber keinen platten, sondern einen langen und dünnen Schwanz. Ihre Zähne sind sehr gelb – vielleicht sollten sie besser geputzt werden – und stehen etwas vor. Die Bisamratte lebt immer am und im Wasser und ist ein toller Schwimmer.

Bisamratten fressen Wurzeln, Blüten und Pflanzentriebe, die sie in der Nähe des Wassers finden. Eine besondere Leckerei sind Süßwassermuscheln und Krebse, nach denen sie tauchen und die sie dann mit den Zähnen knacken.

Die Bisamratten bauen ihre Nester am Ufer von Flüssen oder leben in selbst gebuddelten Höhlen. Dort werden auch die Jungen aufgezogen. Ein Bisamrattenweibchen bekommt drei- oder viermal im Jahr Junge.

Bisamratten haben sich hier stark vermehrt und zerstören leider durch ihre Höhlen Deiche und Uferbefestigungen an Gewässern. Um die Schutzbauten an den Gewässern zu schützen, jagen die Menschen die Bisamratten.

Größe	ca. 35 cm
Gewicht	bis 1,5 kg
Vorkommen	Nordamerika, Europa, Asien
Farbe	bräunlich
Besonderheiten	taucht bis zu 10 Minuten

BLAUMEISE

Der fröhliche Piepmatz ist ein gern gesehener Gast im Garten und hat sich gut an den Menschen gewöhnt. Er kann mit viel Geduld sogar aus der Hand gefüttert werden. Im Frühjahr brüten die Blaumeisen gern in den aufgehängten Nistkästen. Im Winter kannst du sie häufig an der Futterglocke beobachten.

Blaumeisen fressen kleine Insekten, die sie von Blättern und Ästen sammeln. Im Herbst und Winter stellen sie ihre Ernährung um und futtern die Körner und Nüsse, die sie finden können.

Meistens brüten Blaumeisen nur einmal im Jahr. Aber dann richtig. Sie legen zwischen acht und zwölf Eier und sorgen so reichlich für Nachkommen. Die Männchen beginnen schon sehr früh im Jahr zu trillern und die Weibchen räumen das Nest auf. Altes Nistmaterial wird aus den Bruthöhlen oder Nistkästen hinausgeschmissen und frisches Moos und Tierhaare werden herbeigeschafft.

Zwischen April und Juni werden die Eier in etwa zwei Wochen ausgebrütet. Die jungen Vögel bleiben noch drei Wochen im Nest, bevor sie den ersten Flugunterricht bekommen.

Größe	bis 12 cm
Gewicht	ca. 12 g
Vorkommen	Europa, Nordafrika
Farbe	blau, gelb
Besonderheiten	eine unserer häufigsten Vogelarten

WINTERFUTTER FÜR VÖGEL

Viele unserer heimischen Piepmätze brauchen in harten und kalten Wintern deine Hilfe zum Überleben. Die Vögel haben weder Mütze noch Mantel und in dem hart gefrorenen Boden finden sie oft keine Nahrung mehr. Hier erfährst du, wie du einen Meisenknödel oder eine Futterglocke für hungrige Vögel basteln kannst.

Zuerst einmal benötigst du folgendes Material:

150 Gramm Kokosfett für eine Futterglocke
150 Gramm Körnermischung für eine Futterglocke
1 Kordel
1 Tontopf mit Loch
1 dünner Stock für die Futterglocke

1 Zuerst musst du das Fett vorsichtig in einem Topf erhitzen. Du darfst es aber nicht so heiß machen, dass es schmilzt. Wenn das Fett schön weich ist, kannst du die Körnermischung unterrühren. Wenn du noch etwas Öl dazugibst, bröckelt die Mischung nicht.

2 Die Kordel bindest du an den dünnen Stock. Mache einen schönen dicken Knoten. Der soll nämlich das Loch im Tontopf verschließen. Jetzt ziehst du den Stock mitsamt Kordel von innen durch das Loch in dem Tontopf. Der Stock muss etwa zehn Zentimeter aus dem Topf herausragen, dann können die Vögel ihn besser anfliegen.

3 Die Fettkörnermischung füllst du in den Topf und lässt sie auskühlen. Wenn alles kalt ist, kannst du die fertige Futterglocke draußen zum Beispiel an einem Vogelhaus aufhängen und zuschauen, wie sich die kleine, gefiederte Gesellschaft darüber hermacht.

4 Wenn du lieber einen Knödel zubereiten willst, nimmst du die gleiche Fettkörnermasse und knetest alles zu einer Kugel. Am besten die Kordel sofort mit einkneten! Daran hängt dann der fertige Meisenknödel. Wenn du willst, kannst du noch ein kleines Plastiknetz um den Knödel wickeln. Dann können sich die kleinen Piepmätze noch besser festkrallen.

BLIND-SCHLEICHE

Eine Blindschleiche ist nicht blind, aber sie schleicht ganz schön langsam durch die Gegend.

Aber versuche einmal, sie zu fangen, dann wird sie plötzlich schnell. In Gefahrensituationen wirft sie einfach ihren Schwanz ab, der dann sogar noch eine Weile weiterzuckt, gerade so, als wäre er immer noch lebendig.

Blindschleichen sind keine Schlangen, sie gehören zu den Eidechsen. Da sie selbst keine Körperwärme erzeugen können, liegen sie am liebsten in der Sonne, verkriechen sich im Gestrüpp oder hausen im warmen Komposthaufen. Sie fressen Insekten, Regenwürmer und Nacktschnecken.

Die Blindschleichenweibchen produzieren zwar Eier, aber die Jungen schlüpfen meistens schon im Körper der Mutter oder direkt, nachdem die Eier abgelegt wurden.

Größe	bis 50 cm
Gewicht	ca. 1,5 kg
Vorkommen	Europa, Nordafrika, Asien
Farbe	rotbraun
Besonderheiten	rote Augen

BLUTEGEL

Blutegel sind auf der ganzen Welt zu Hause und leben überall dort, wo es Wasser gibt. Die meisten mögen lieber Süßwasser, nur wenige Egel leben im Meer. Sie sind gute Schwimmer und wenn der Blutegel einmal aus dem Wasser heraus muss, bewegt er sich mit seinen Saugnäpfen fort.

Blutegel ernähren sich von Tierblut. Während der Blutegel schlürft, wird das Blut in seinem Körper eingedickt und das übrige Wasser über die Haut wieder ausgeschieden. Er kann bis zum Fünffachen seines eigenen Gewichtes an Blut saugen und danach ein Jahr ohne Nahrung überleben. Er lässt sich von selbst fallen, wenn er sich mit ausreichend Blut vollgesogen hat und satt ist. Das ist durchschnittlich nach etwa 20 Minuten der Fall.

Der Blutegel wird bei einigen Krankheiten des Menschen als „Medizin“ eingesetzt.

Bei Gelenkentzündungen, Krampfadern, Blutergüssen oder Rheuma sind die Blutegel in der Lage, den Menschen durch das Saugen von Blut an der richtigen Stelle zu helfen.

Größe	bis 15 cm
Gewicht	5 g
Vorkommen	weltweit
Farbe	braun, grünlich
Besonderheiten	wird über 30 Jahre alt

BUCHFINK

Wenn du aus einer Hecke im Garten ein lustiges „fink, fink" hörst, dann kannst du beinahe sicher sein, dass ein Buchfink dort seine Zelte aufgeschlagen hat. Erkennen kannst du die Männchen an ihrem roten Gefieder und dem blauen Schopf, die Weibchen sind einfach braun-beige gefärbt. Der Buchfink ist ein Wandervogel, der im Herbst sein Säcklein schnürt und an das blaue Mittelmeer zieht. Dabei reisen die Männchen und die Weibchen getrennt voneinander.

Die Nahrung des Buchfinken besteht aus Samen, Früchten, Insekten und Spinnen. Zur Aufzucht der Nachkommenschaft im Hause Buchfink werden Insekten erbeutet und an die Jungen verfüttert.

Doch zuvor muss ja das Nest gebaut werden. Und während das Männchen noch singt und trällert, baut das fleißige Weibchen allein die neue Behausung. Im April werden die Eier gelegt und meist vom Weibchen ausgebrütet. Nach dem Schlüpfen werden die Jungen noch etwa zwei Wochen gefüttert. Dann fliegen sie fort und machen Platz für den nächsten Nachwuchs, der im Juni aus dem Ei krabbelt.

Größe	bis 18 cm
Gewicht	ca. 25 g
Vorkommen	Europa, Nordafrika, Asien
Farbe	braun, blau, rot
Besonderheiten	ruft und trillert „fink", daher der Name

BUNTSPECHT

He, wer klopft denn da? Lautes Gehämmer aus dem Wald? Das kann doch nur ein Specht sein.

Der Buntspecht hat spitze, gebogene Krallen an seinen Kletterfüßen, womit er sich an der Baumrinde festklammert, um an den Bäumen hoch- und im Rückwärtsgang auch wieder herunterzulaufen.

Aber warum klopft er nun eigentlich ständig an die Bäume? Der Buntspecht ernährt sich hauptsächlich von Insekten und ihren Larven. Die Larven sitzen meistens unter der Baumrinde und mit seinen festen und kräftigen Schnabelhieben holt er sie unter der Borke hervor. Im Winter, wenn die Insekten knapp sind, frisst der Buntspecht vor allem Nüsse, Beeren und Samen von Nadelbäumen.

Zur Balzzeit trommelt der Buntspecht an hohle Baumstämme und sogar an Regenrinnen, um ein Weibchen anzulocken. Vorher hat er aber für eine fertige Bruthöhle gesorgt, die er in einen alten, morschen Baum gezimmert hat. Das Weibchen legt bis zu sieben weiße Eier und bebrütet sie etwa elf bis 13 Tage lang, bevor die Jungen schlüpfen. Diese bleiben noch etwa vier Wochen im Nest und machen dort jede Menge Lärm, bis sie endlich ausfliegen.

Größe	bis 25 cm
Gewicht	ca. 80 g
Vorkommen	Europa
Farbe	weiß, schwarz, rot
Besonderheiten	Nasenlöcher sind mit Federn überwachsen, um das Einatmen des Sägemehls beim Hämmern zu verhindern

DACHS

Dachse sind sehr scheue Tiere, die du in der freien Natur nur mit viel Glück zu sehen bekommst. Sollte dich dann aber ein vorwitziges, schwarz-weiß gestreiftes Gesicht mit kleinen Ohren anschauen, dann hast du Glückspilz einen Dachs entdeckt.

Sobald er dich gesehen hat, wird er aber mit seinem etwas dicken Hinterteil zurück in seinen Bau watscheln. Oft findet man dort mehrere Dachsfamilien unter einem Dach. Die Bauten werden häufig von mehreren Generationen hintereinander benutzt und immer verbessert. Die Höhlen sind verzweigte Bauwerke mit vielen Wohnkammern und einem Labyrinth von Gängen.

Der Dachs ist ein Allesfresser, der neben Wurzeln, Knollen, Beeren und Früchten auch Pilze, Insekten, Würmer, Schnecken und sogar Frösche und Eidechsen futtert.

Zwischen Februar und April kommen die Dachsbabys zur Welt. Sie sind bei ihrer Geburt ganz weiß und können noch nichts sehen. Bis zum Oktober bleiben sie bei der Familie, dann werden sie von der Mutter vertrieben.

Größe	bis 72 cm
Gewicht	bis 20 kg
Vorkommen	Europa, Nordamerika, Asien
Farbe	schwarz-weiß
Besonderheiten	gehört zur Familie der Marder

DOMPFAFF

Das Dompfaffmännchen hat eine prächtige rote Brust und einen stahlgrauen Rücken. Der Kopf ist schwarz. Das Weibchen hat eine weniger kräftige Färbung, seine Brust ist grau-braun.

Die Dompfaffen leben in Parks, Gärten und Mischwäldern. Dort bleiben sie auch im Winter.

Sie sind sehr treue Vögel, die ein Leben lang als Pärchen zusammenbleiben und sich nie weit voneinander entfernen.

Dompfaffen haben einen kurzen und sehr dicken Schnabel. Sie sind damit auf Nahrung wie Samen, Beeren und Insekten spezialisiert. Wenn du sie mit Sonnenblumenkernen fütterst, gewöhnen sie sich an dich und werden zutraulich.

Das Nest wird aus Zweigen, Wurzeln und Moos gebaut. Die Eier sind hellblau und haben rötliche Flecken. Das Weibchen brütet zwei- bis dreimal im Jahr zwischen April und August für etwa zwei Wochen. Männchen und Weibchen kümmern sich dann gemeinsam um die Jungen.

Größe	bis 18 cm
Gewicht	ca. 26 g
Vorkommen	Europa, Asien
Farbe	rot, schwarz, grau, weiß
Besonderheiten	ist auch unter dem Namen Gimpel bekannt

DROSSEL

Wenn du am Abend einen lautstarken, schönen Gesang hörst, könnte es sich bei dem tollen Sänger um eine Singdrossel handeln. Sie flötet und pfeift vor sich hin und denkt sich ständig neue Melodien aus.

Als Nahrung mögen die Singdrosseln Regenwürmer und Schnecken besonders gern. Wenn sie an das Innere der Schnecke gelangen wollen, zerschlagen sie die Gehäuse auf einem Stein.

Die bräunlichen Vögel mit dem gefleckten Bauch sind in Laub- und Nadelwäldern zu Hause.

Größe	bis 23 cm
Gewicht	ca. 70 g
Vorkommen	Europa
Farbe	braun, grau, weiß, Brust getupft
Besonderheiten	singt am liebsten auf der Spitze hoher Bäume

Ihr Nest bauen die Vögel in Höhen von bis zu drei Metern, am liebsten in dichten Fichten oder im Laubgebüsch. Das Weibchen legt vier bis fünf leuchtend hellblaue Eier, aus denen nach etwa zwei Wochen die Jungen schlüpfen. Die zukünftigen Meistersänger bleiben dann noch zwei Wochen im Nest, bevor sie davonfliegen und andere Menschen mit ihrem Gesang erfreuen.

Die meisten Singdrosseln verlassen uns im September und ziehen in den Süden. Nur wenige überwintern bei uns. Dafür sind sie dann recht zutraulich und lassen sogar uns Menschen manchmal auf wenige Schritt Entfernung an sich herankommen.

EICHELHÄHER

Der Eichelhäher ist ein prächtiger und bunter Vogel. Er hat einen ziemlich langen Schwanz, breite Flügel und einen kräftigen langen Schnabel. Sein Kopf ist lustig gestreift und es sieht aus, als ob er einen Bart hätte.

Überwiegend frisst der Eichelhäher – na was wohl? – klar, Eicheln! Sie sind seine Lieblingsspeise und haben ihm auch den Namen gegeben. In seinem Kehlsack kann der kleine Gierhals bis zu zehn Eicheln gleichzeitig transportieren. Eichelhäher vergraben Eicheln als Wintervorrat im Boden und finden viele auch wieder, denn sie haben ein ganz tolles Gedächtnis.

Eichelhäher sind sehr stimmbegabt und können verschiedene Geräusche und sogar Stimmen anderer Vögel nachahmen.

Größe	bis 35 cm
Gewicht	ca. 170 g
Vorkommen	Europa
Farbe	rot, grau, blau, schwarz-weiß
Besonderheiten	raubt fremde Nester aus

Im Frühling finden die Eichelhäherpaare zusammen und grenzen dann direkt ihr Gebiet ein. Das Männchen sucht den Nistplatz aus, der häufig in kräftigen Astgabeln von Bäumen ist.

Das Nest wird aus Zweigen und Aststücken gebaut und innen mit Tierhaaren gepolstert. Das Weibchen legt dann fünf bis sieben Eier und brütet sie allein aus. Während dieser Zeit wird es vom Männchen gefüttert, damit es nicht verhungert.

EICHHÖRNCHEN

Größe	bis 30 cm
Gewicht	bis 500 g
Vorkommen	Europa, Amerika
Farbe	rotbraun
Besonderheiten	kann bis zu 12 Jahre alt werden

Eichhörnchen sind wieselflink und huschen schnell von Baum zu Baum. Damit sie bei dieser Springerei das Gleichgewicht halten können, wird der Schwanz als Balancierstange benutzt. Durch ihr geringes Gewicht trauen sie sich bis auf die äußersten Zweigspitzen der Bäume heran. Ein Eichhörnchen kann mit einem Sprung mehrere Meter zurücklegen.

Eichhörnchen fressen Haselnüsse, Bucheckern, Fichtenzapfen, Obst, aber auch Vogeleier, Jungvögel oder Pilze werden verspeist.

Eichhörnchen sind absolute Einzelgänger. Nur zur Paarungszeit kommen sie zusammen und dann kann man sie dabei beobachten, wie sie sich gegenseitig durch die Bäume jagen.

Ihre Nester bauen die Eichhörnchen hoch oben in den Baumkronen. Aus vielen Ästen und Zweigen entstehen rundliche „Behausungen“, die Kobel genannt werden. Dort schlafen sie und bringen auch ihre Jungen zur Welt. Die Kobel sind mit Moos und Gras gepolstert und sehr gemütlich. Aber so ein Eichhörnchen zieht auch gern in eine leere Baumhöhle ein und manchmal haust es sogar auf einem Dachboden.

Auf seiner Futtersuche muss es sich vor seinen Feinden in Acht nehmen. Es steht nämlich auf der Speisekarte vieler hungriger Greifvögel und kleiner Raubtiere.

EINTAGSFLIEGE

Die Eintagsfliegen leben tatsächlich nur kurze Zeit, meist sogar – wie der Name schon sagt – nur einen einzigen Tag. Aber dafür gibt es sie schon seit über 200 Millionen Jahren.

In diesem kurzen Leben haben sie aber überhaupt keine Zeit, an so etwas Unwichtiges wie Fressen zu denken, denn sie benötigen die kurze Zeit, um sich fortzupflanzen. Die erwachsenen Tiere nutzen den einen Tag zur Begattung und, um die Eier abzulegen.

Dabei werden die Weibchen von den Männchen ergriffen und paaren sich dann im Flug mit ihnen. Die Weibchen legen die Eier im Wasser von Flüssen oder Bächen ab. Aus den Eiern schlüpfen die Eintagsfliegenlarven, die oft zwei oder gar drei Jahre lang wachsen und sich dabei ganz häufig häuten. Oft bis zu 20-mal, bevor sie ein fertiges Insekt geworden sind.

Die Larven, die nur in sauberen Gewässern überleben können, fressen im Gegensatz zur fertigen Eintagsfliege umso mehr. Sie knabbern Algen von Steinen ab und fressen Teile von ins Wasser gefallenen Blättern, toten Fischen oder anderen Lebewesen.

Größe	bis 38 mm
Gewicht	ca. 20 mg
Vorkommen	Europa
Farbe	gräulich
Besonderheiten	hat sehr große Flügel

EISVOGEL

Der Eisvogel lebt gern an klaren Gewässern, in denen sich genügend Futter tummeln muss, das seinen Appetit stillt. Seine Beute sind Krebse, Wasserinsekten, Kaulquappen und vor allem kleine Fische. Der Eisvogel fischt sie aus dem Wasser, indem er sich mit seinem großen, dolchartigen Schnabel kopfüber von seinem Sitz aus hineinstürzt. Wie ein Pfeil durchbohrt er mit angelegten Flügeln und ausgestrecktem Körper die Wasseroberfläche. Oft taucht er dabei ganz unter Wasser. Mit dem Futter im Schnabel kehrt er dann mit raschen Flügelschlägen zu seinem Sitzplatz zurück. Dort angekommen schüttelt er seine Beute so lange, bis sie tot ist.

Eisvögel brüten in Höhlen. Sie graben ihre Bruthöhlen in die steilen Abbruchkanten der Gewässer. Oft müssen sie aber etwas länger nach einem geeigneten Platz suchen, denn solche Steilwände finden sich heute nicht mehr überall an den Flüssen und Gewässern.

Die gegrabenen Brutröhren sind etwa 80 Zentimeter lang und an ihrem Ende befindet sich das eigentliche Nest. Sechs bis acht ganz weiße Eier legt das Weibchen dort hinein. Nach etwa drei Wochen schlüpfen die Jungen aus. Sie sind so richtige „Dreckspatzen“ und verschmutzen die Höhle oft stark mit ihrem dünnflüssigen Kot. Die Eisvogeleltern flüchten dann gern mal aus dem Räubernest, um sich bei einem erfrischenden Bad im kühlen Wasser zu säubern.

Größe	bis 18 cm
Gewicht	ca. 40 g
Vorkommen	Europa, Asien
Farbe	grün, blau, rotbraun, weiß
Besonderheiten	zur Brutzeit sind die Füße orange

ERDHUMMEL

Stechen die denn nun eigentlich oder nicht? Eine wichtige Frage. Bei den Hummeln können nur die Weibchen stechen. Die Männchen, die man auch Drohnen nennt, stechen nicht.

In der Hummelfamilie arbeiten auch nur die Weibchen. Sie sausen eifrig von Blüte zu Blüte und sammeln Pollen. Wenn du also im Garten eine Hummel emsig zwischen den duftenden Sommerblumen umherfliegen siehst, kannst du dir sicher sein, dass das ein Weibchen ist.

Im Frühjahr suchen die Hummelköniginnen, die als Einzige den Winter überleben, einen unterirdischen Nistplatz. In der neuen Behausung entsteht dann eine mit Pollen ausgestattete Brutzelle.

In der Brutzelle wächst dann die erste Arbeiterinnengeneration heran. Sobald die Arbeiterinnen geschlüpft sind, hat die Königin nichts anderes mehr zu tun, als Eier zu legen. So kann im Laufe eines Sommers der Erdhummelstaat auf sage und schreibe 600 Mitglieder anwachsen. Zu den Arbeiterinnen kommen später im Jahr noch die Drohnen hinzu. Auch die Prinzessinnen, die Königinnen für das nächste Jahr, werden erst im Spätsommer geboren.

Größe	bis 17 mm, Königin bis 23 mm
Gewicht	100–200 mg
Vorkommen	Europa, Asien, Nordafrika
Farbe	schwarz, gelb
Besonderheiten	gehört zur Familie der Bienen

ERDKRÖTE

Größe	bis 15 cm
Gewicht	bis 150 g
Vorkommen	Europa, Asien
Farbe	braun, grau
Besonderheiten	wird in Gefangenschaft bis zu 36 Jahre alt

Erdkröten sind sicher keine großen Schönheiten. Die plumpen und kräftig gebauten Tiere sind braun oder grau gefärbt, am Rücken und am Bauch jedoch getupft. Der ganze Körper der Erdkröten ist von vielen kleinen Warzen bedeckt. Wenn du eine Erdkröte suchst, dann findest du sie vor allem in Wäldern, an Ufern von Teichen und Flüssen, in Hecken, Gebüschen, Steinbrüchen und in vielen Gärten.

Zur Fortpflanzung suchen die Erdkröten jedes Jahr das Gewässer auf, in dem sie selbst geboren wurden und sich von der Kaulquappe zur Kröte verwandelt haben. Also, einmal Erdkröten im Gartenteich, immer Erdkröten im Teich.

Die Männchen sind richtige Faulpelze und klammern sich während der Paarungszeit an den Weibchen fest. Die Weibchen schleppen die Männchen dann huckepack zum Laichgewässer. Mehr als 1000 Eier kann so ein Weibchen in meterlangen Laichschnüren ablegen. Nach etwa zwei Wochen schlüpfen die Larven aus den Eiern und nach drei bis vier Monaten werden aus den Kaulquappen schließlich kleine Kröten.

FASAN

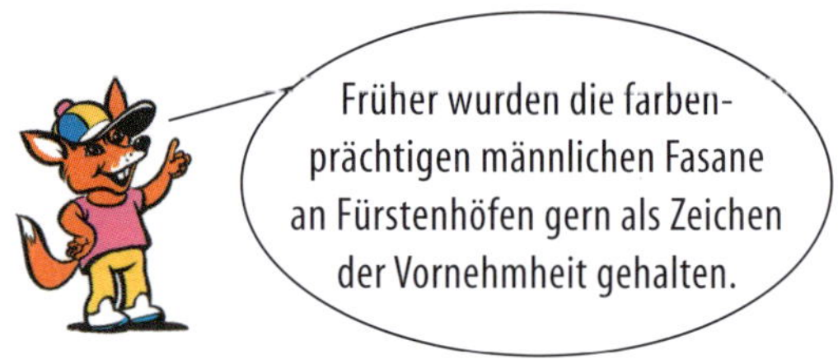

Fasane sind Einwanderer, die eigentlich bei uns gar nicht zu Hause waren. Sie stammen ursprünglich aus Asien und wurden schon vor vielen Jahrhunderten als Jagdwild ausgesetzt. Auch heute werden die meisten Fasane noch künstlich erbrütet und dann erst in die freie Natur entlassen.

Fasane fühlen sich dort am wohlsten, wo sich weite Felder mit kleinen Wäldern abwechseln und außerdem auch noch ein wenig Wasser in der Nähe ist.

Fasanküken werden schnell selbstständig und sind schon nach wenigen Tagen flugfähig. Zum Schlafen können sie bereits im Alter von drei bis vier Wochen abends auf die Bäume flattern. Fasane schlafen zum Schutz vor Fuchs und Co. auf Bäumen. Tagsüber sind die Fasanen aber fast ausschließlich nur am Boden unterwegs.

Größe	bis 90 cm
Gewicht	bis 1,4 kg
Vorkommen	Europa, Asien
Farbe	Weibchen gelbbraun, Männchen braun, weiß, rot, grün
Besonderheiten	gehört zur Familie der Hühner

FELDGRILLE

Die Feldgrille ist unter den Heuschrecken eine wirklich stattliche Erscheinung. Sie hat einen dicken schwarzen Kopf und goldene Flügel. Die Feldgrillen lieben warme und offene Felder und Hänge. Sie können nicht fliegen, sind aber rasant schnelle Läufer, die manchmal auch hüpfen.

Die Feldgrille ist ein Allesfresser, der Blätter, Kräuter, Wurzeln und kleine Bodentiere wild durcheinander verspeist.

Von Mai bis Juli versuchen die Männchen, die Weibchen mit ihrem zirpenden Gesang anzulocken. Die zwei begrüßen sich erst einmal mit einem Antennenspiel. Dann beginnt das Männchen mit einem zarten Werbegesang. Nach der Paarung legt das Weibchen mehrmals Pakete von etwa 30 Eiern ab. Die Larven schlüpfen nach zwei bis drei Wochen aus. Sie leben erst oberirdisch unter Steinen und anderen Verstecken, bis sie sich im Herbst zum Überwintern trennen und eingraben. Im nächsten Frühjahr häuten sich die Larven der Feldgrillen nochmals und sind dann erwachsen.

Größe	bis 23 mm
Gewicht	1 g
Vorkommen	Europa, Asien, Nordafrika
Farbe	schwarz
Besonderheiten	Larven häuten sich vielfach

FELDHASE

Der Feldhase ist ein Einzelgänger, der sich tagsüber in Hecken oder im Wald versteckt. Besonders wichtig ist ihm dabei, vor Wind geschützt zu sein. Daher liegt er oft in einer Mulde und döst vor sich hin. Der Feldhase ist aber nicht etwa unaufmerksam, sondern sehr wachsam. Er flüchtet vor seinen Feinden erst im letzten Moment. Durch die langen Hinterbeine ist er sehr schnell, macht weite Sprünge und schlägt Haken. Um zu sehen, ob er seinen Feind abgehängt hat, stellt er sich kurz auf die Hinterbeine, um dann weiterzusausen. Auf der Flucht erreicht er Geschwindigkeiten von bis zu 60 Kilometern in der Stunde.

Der Feldhase frisst am liebsten Gras, Klee und Kohl, manchmal aber auch Getreide. Er besitzt scharfe Nagezähne, die unter seiner gespaltenen Oberlippe herausschauen und mit denen er alles annagen kann, was ihm in die Quere kommt.

Während der Paarungszeit von Januar bis September kämpfen die männlichen Hasen um eine nette Hasendame. Eine Häsin ist durchschnittlich 31 Tage trächtig; daher kommen die Hasenbabys zwischen Februar und Oktober zur Welt. Die Häsin legt sie in einer geschützten Mulde ab und säugt sie noch einige Wochen lang, bis zum nächsten Wurf.

Größe	bis 70 cm
Gewicht	bis 7 kg
Vorkommen	Europa, Asien
Farbe	braun
Besonderheiten	Ohren heißen Löffel

FEUER-SALAMANDER

Größe	bis 20 cm
Gewicht	ca. 40 g
Vorkommen	Europa
Farbe	schwarz-gelb
Besonderheiten	werden bis zu 25 Jahre alt

Die Feuersalamander glänzen schwarz und sind sehr auffällig mit gelben oder orangefarbenen Flecken oder auch Streifen gemustert. Für alle anderen Tiere sind diese Signalfarben ein Warnzeichen. Sie bedeuten: Achtung, ich bin giftig! Am Rücken und hinter den Ohren haben die Feuersalamander nämlich Giftdrüsen. Mit diesem Gift kann der Feuersalamander sogar Feinde wie einen Fuchs oder eine Katze in die Flucht schlagen.

Feuersalamander leben gern in Wäldern an kühlen und feuchten Plätzen. Am Tag verstecken sie sich unter alten Baumstämmen, unter Steinen oder im dicken Laub. Erst wenn es draußen dunkel wird, krabbeln sie hervor. Nur nach einem warmen Sommerregen verlassen sie manchmal tagsüber ihre Verstecke, daher hat man ihnen den Beinamen „Regenmännchen" gegeben. Feuersalamander paaren sich an Land. Um die Larven zur Welt zu bringen, brauchen die Weibchen aber Wasser. In Bächen oder Tümpeln mit kühlem, sauberem Wasser gebären sie die Larven. Sie sind schon in den Eiern im Mutterleib gewachsen und entwickeln sich dann im Wasser zum fertigen Salamander weiter.

FISCHOTTER

Größe	bis 140 cm
Gewicht	ca. 12 kg
Vorkommen	Europa, Asien, Nordafrika
Farbe	grau
Besonderheiten	auf einem Quadratzentimeter Fischotterhaut wachsen bis zu 80.000 Haare

Fischotter sind Einzelgänger, die sowohl an Land als auch im Wasser leben. Meistens gehen sie erst im Dunkeln auf die Jagd. Tagsüber kommen sie nur hervor, wenn sie sich ganz sicher sind, nicht gestört zu werden. Du wirst also leider nur sehr schwer einen Fischotter in freier Natur zu sehen bekommen. Sie haben einen langen, schlanken Körper mit kurzen Beinen und einem sehr dichten Fell. An seiner Schnauze hat der Fischotter prächtige Barthaare, die er als Tastorgan benutzt. Fischotter besitzen Schwimmhäute zwischen den Fingern und Zehen, damit sie schneller schwimmen können. Am Ufer von sauberen Gewässern haben die Fischotter ihren Bau. Aber sie nutzen viele verschiedene Verstecke als Schlafplatz.

Fischotter haben keine feste Paarungszeit, daher kommen das ganze Jahr über die Jungen zur Welt.

Die Mutter säugt ihren Nachwuchs sechs Monate lang, obwohl die Jungen schon nach sechs Wochen feste Nahrung fressen können.

FLEDERMAUS

Fledermäuse sind Säugetiere, die ein dichtes, seidiges Fell mit graubrauner oder schwärzlicher Farbe haben. Es gibt aber auch weiße und sogar gemusterte Arten. Bei fast allen Fledermausarten ist die Bauchseite heller als der Rücken.

Das Auffälligste an den Fledermäusen ist ihre tolle Flughaut. Damit können sie wunderbar fliegen. Diese Flughaut besteht aus zwei Hautschichten und reicht von den Handgelenken, über die Schultern bis zu den Fußgelenken. In der Flughaut befinden sich Muskeln, die zum Einklappen der Flügel benutzt werden. Nervenfasern und Blutgefäße versorgen die Flughaut.

Fledermäuse sind, bis auf wenige Ausnahmen, nachtaktive Tiere. Tagsüber schlafen sie kopfüber hängend in Höhlen, Felsspalten oder hohlen Bäumen. Sie sind gesellige Tiere, die gern in Gruppen zusammenleben. In ihren Behausungen hängen sie dicht zusammen.

Fledermäuse sind hoch entwickelte Tiere, die sich mithilfe einer genialen Erfindung, der Echoortung, im Dunkeln zurechtfinden. Sie stoßen Ultraschallwellen aus, die von Objekten zurückgeworfen werden. Die einzelnen Echos werden von der Fledermaus aufgefangen und dadurch erkennt sie ihre Umgebung und weiß dann, wie weit ein Insekt entfernt ist.

Größe	bis 14 cm
Gewicht	bis zu 200 g
Vorkommen	weltweit, außer Antarktis
Farbe	grau, braun, weißlich
Besonderheiten	etwa 900 verschiedene Arten

FLUSSKREBS

Der Flusskrebs lebt in sauberen Bächen und Flüssen und zwar dort, wo das Wasser ganz ruhig und still ist. Du hast Glück, wenn du einen findest. Denn der Flusskrebs ist aufgrund der Zerstörung seines Lebensraums sehr selten geworden.

Kopf und Brust des Flusskrebses sind gepanzert. Der Chitinpanzer ist eine harte Schutzhülle, die aber nicht gleichzeitig mit dem Krebs wächst. Das heißt, wenn der Krebs zu groß für den Panzer geworden ist, dann häutet er sich und zieht den alten Panzer wie eine zu kleine Jacke einfach aus. Selbst abgerissene Beine können bei der Häutung ersetzt werden. Während seiner Häutung ist der Krebs aber sehr empfindlich und muss sich bis zum Aushärten des neuen Panzers verstecken.

Größe	bis 18 cm
Gewicht	ca. 300 g
Vorkommen	Europa
Farbe	bräunlich, rot
Besonderheiten	sehr selten geworden

Der Krebs hat fünf Paar Laufbeine. Das vordere Paar ist zu kräftigen Scheren umfunktioniert worden, mit denen er Beute fängt oder Feinde vertreibt. An seinem Hinterleib sind noch fünf weitere kleine Beinpaare, beim Weibchen allerdings nur vier.

Im Herbst legen die Weibchen nach der Paarung 50 bis 400 Eier. Diese Eier kleben sie an die Gliedmaßen ihres eigenen Hinterleibs und schleppen sie ein halbes Jahr lang mit sich herum. Im Mai oder Juni schlüpfen die Krebslarven aus und klammern sich noch etwa zehn Tage mit ihren Minischeren an der Mutter fest. Danach lassen sie los und werden selbstständig.

FLUSSREGEN-PFEIFER

Den kleinen, zarten Vogel erkennst du an seiner typischen Art, sich zu bewegen. Er rollt wie auf Rädern über den Kies oder Schlamm. Dann bleibt er plötzlich regungslos stehen und sucht Beute. Der Flussregenpfeifer frisst überwiegend Tiere, die den Boden bewohnen oder dicht unter der Oberfläche leben. Das sind Insekten, Spinnen und Würmer.

Im Winter wird es dem Flussregenpfeifer bei uns zu kalt und er zieht nach Afrika um. Dort verbringt er zwischen der Sahara und dem Äquator den Winter.

Sofort nach seiner Rückkehr aus dem Winterquartier beginnt im Frühjahr die Balz. Das Nest wird in einer Mulde zwischen Kieselsteinen gebaut. Die Eier sind grau oder sandfarben und mit vielen dunklen Flecken getupft. Nach drei bis vier Wochen schlüpfen die Jungen aus. Sie sind Nestflüchter und können schon nach drei Wochen fliegen. Meist brütet der Flussregenpfeifer nur einmal im Jahr.

Größe	bis 16 cm
Gewicht	ca. 40 g
Vorkommen	Europa, Asien, Afrika
Farbe	weiß, schwarz, grau
Besonderheiten	zitronengelbe Augenringe

FORELLE

Die bei uns am stärksten verbreitete Art ist die Bachforelle. Damit sich solch eine Forelle wie ein Fisch im Wasser fühlt, braucht sie unbedingt kaltes, reines Wasser mit viel Sauerstoff. Besonders mögen die gefleckten Fische Wasserläufe mit vielen Verstecken.

Bachforellen besetzen und verteidigen ihr Revier mit allen Mitteln. Sie fressen Wasserinsektenlarven, aufs Wasser gefallene Landinsekten, Fischeier, Kleinfische und sogar Frösche.

Von Oktober bis Januar ziehen die Bachforellen stromaufwärts in höhergelegene Flussabschnitte, um dort zu laichen. Dabei zeigen sie sich als richtige „Bergsteiger" und überwinden sogar Hindernisse, die 1,5 Meter hoch sind. An ihren Laichplätzen angekommen legen die Weibchen ihre Eier in kleinen Gruben am Grund ab.
Es dauert 100 bis 120 Tage, bis die kleinen Fische schlüpfen.

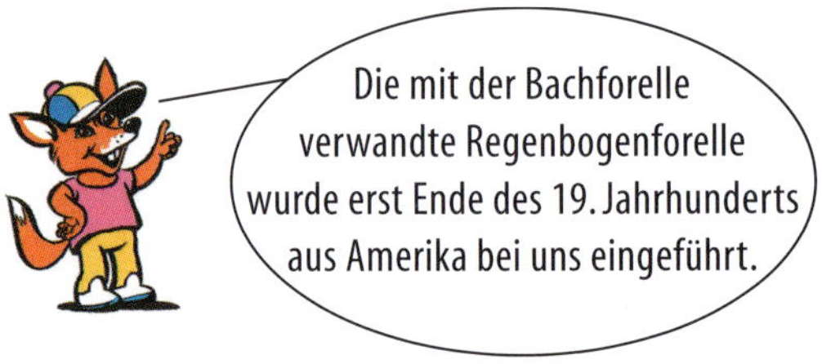

Größe	bis 60 cm
Gewicht	bis 2 kg
Vorkommen	Europa, Asien, Australien, Nordamerika
Farbe	gelb, braun, grün-blau gefleckt
Besonderheiten	ist ein beliebter Speisefisch

FUCHS

Größe	bis 90 cm
Gewicht	ca. 7 kg
Vorkommen	weltweit
Farbe	rotbraun, weiß
Besonderheiten	heißt auch Reineke

Füchse sind Raubtiere und mit dem Hund und dem Wolf verwandt. Typisch ist der dicke, buschige und sehr lange Schwanz. Er kann bis zu 40 Zentimeter lang sein. Das dichte Fell des Fuchses ist rotbraun. Die Wangen, der Bauch und die Innenseiten der Beine sind weiß. Unverkennbar ist das schlaue Gesicht der Füchse mit den hoch aufgerichteten Ohren und der typischen langen, spitzen Schnauze.

Füchse sind tolle Sportler. Sie können bis zu fünf Meter weit und zwei Meter hoch springen und bis zu 50 Kilometer in der Stunde schnell laufen.

Wenn du in kalten Winternächten ein lautes und vernehmliches Heulen und Bellen aus dem Wald hörst, ist das wahrscheinlich ein Fuchs, der eine Fuchsdame sucht. Die Weibchen werden oft von mehreren Männchen gleichzeitig umworben und die Dame hat dann die Wahl. Der glückliche Auserwählte darf sich mit ihr paaren und ihr bei der Aufzucht der Jungen helfen.

Etwa sieben Wochen nach der Paarung kommen die Jungen zur Welt. Meist sind es drei bis fünf kleine Füchse. Sie sind winzig klein, blind und haben ein gräuliches Fell.

GÄMSE

Die Gämsen sind in den Bergen zu Hause. Am liebsten halten sich die flinken Kletterer in den hohen Wäldern auf, aber im Sommer steigen sie sogar noch weiter ins Gebirge hoch. Dort fressen sie junge Triebe der Alpensträucher, Kräuter, Blätter und Gräser.

Die Weibchen und die jungen Gämsen leben im Sommer in Herden bis zu 30 Tieren zusammen. Ein Tier der Herde ist immer als Wächter abgestellt und warnt die anderen bei Gefahr durch einen schrillen Pfiff. Im Winter lösen sich die Herden auf, vermischen oder verkleinern sich.

Größe	ca. 75 cm
Gewicht	bis 50 kg
Vorkommen	Europa
Farbe	rotbraun, schwarz, weiß
Besonderheiten	im Winter braunschwarz und am Bauch weiß

Die Böcke sind Einzelgänger und suchen sich erst im Spätsommer eine passende Herde aus. Dann vertreiben sie die männlichen Jungtiere und kämpfen gegen andere Männchen um die Weibchen. Im November paaren sich die Gämsen und das Weibchen bekommt im nächsten Mai oder Juni seinen Nachwuchs. Meistens wird nur ein Junges, seltener werden zwei oder drei Gämsenkinder geboren, die dann etwa drei Monate lang von der Mutter gesäugt werden.

TIERSPUREN

Oft begegnest du in so richtig eiskalten Wintern nicht einem einzigen Tier im Wald. Das heißt aber nicht, dass alle Tiere ausgewandert sind. Sie verstecken sich nur oder halten Winterruhe bzw. Winterschlaf. Dann bekommst du von ihnen nur die Fußabdrücke im Schnee zu sehen.

Es ist eine tolle Sache, mit Block und Stift loszuziehen und die unterschiedlichen Spuren abzuzeichnen, die du findest. Vielleicht folgst du ja auch der einen oder anderen Spur.

Hase

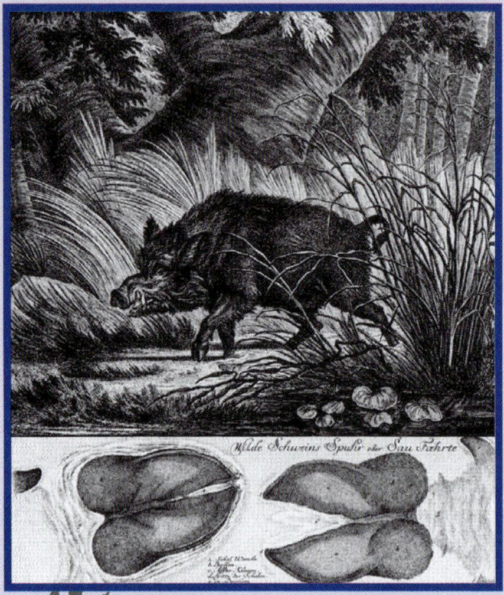

Wildschwein

Reh

Hirsch

Fuchs

GRASFROSCH

Grasfrösche kannst du ganz prima in Wäldern, auf grünen Wiesen oder im Stadtpark finden. Nachts gehen die Frösche auf die Jagd nach Käfern, Würmern oder Spinnen. Tagsüber verstecken sie sich an feuchten Plätzen zwischen Steinen oder altem Holz. Wenn du genau hinsiehst, entdeckst du vielleicht einen, der gerade seinen Mittagsschlaf unter einem Haufen Blätter macht.

Der Grasfrosch laicht schon im Februar oder März. Zur Paarungszeit werden die Männchen am ganzen Körper leicht blau. Außerdem erkennt man die Froschmännchen an den kräftigen Vorderbeinen. Die Weibchen sind oft sehr dick und viel größer als die Männchen.

In einer ganzen Horde von Fröschen legen die Weibchen in wenigen Nächten ihre Laichballen dicht gedrängt im Wasser ab. Diese können bei einem Weibchen aus sage und schreibe bis zu 4000 einzelnen Eiern bestehen.

Die Laichklumpen sinken auf den Boden des Teichs oder Tümpels und quellen dort auf, bis sie aussehen wie Wackelpudding. Dann steigen sie wieder zur Wasseroberfläche auf. Nach drei bis vier Wochen schlüpfen aus den Eiern die Kaulquappen. Im Juni wandeln sich die Kaulquappen in winzige Fröschchen um und verlassen in Massen die Teiche.

Größe	bis 10 cm
Gewicht	bis 150 g
Vorkommen	Europa
Farbe	bräunlich, grün
Besonderheiten	springt bis zu 1 m weit

GRASHÜPFER

Der Grashüpfer lebt meist auf Wiesen, Weiden oder an Wegrändern. Er sieht an den Hinterbeinen wie ein kleiner Bodybuilder aus, der den ganzen Tag Gewichte hebt. Das tut der Grashüpfer natürlich nicht, aber er kann trotzdem mit seinen dicken Muskelpaketen an den Beinen sehr weite Sprünge machen.

Bestimmt hast du im Sommer schon den Gesang und das Zirpen eines Grashüpfers gehört. Die Männchen locken damit die Weibchen an. Der Gesang kann von den Weibchen über zehn Meter weit gehört werden.

Größe	bis 23 cm
Gewicht	ca. 1 g
Vorkommen	Europa
Farbe	grau, braun
Besonderheiten	gehört zur Familie der Feldheuschrecken

Die Männchen erzeugen das Gezirpe mit ihrem Sägekamm. Der liegt an der Innenseite der Hinterbeine. Sie führen den Kamm an der Kante der Flügeldecke entlang und bewegen dabei die Hinterbeine im Takt auf und ab. Jede Abwärtsbewegung erzeugt dabei einen Ton.

GRAUGANS

Die Graugans ist ein Zugvogel, der im Winter in den warmen Süden reist.

Wenn sie auf ihrem Zug in die wärmeren Gegenden sind, fliegen sie in einer Formation, die wie ein „V“ aussieht.

Graugänse leben in großen Schwärmen. Nur zur Paarungszeit und zum Brüten trennen sie sich von den anderen Graugänsen. Wenn sie einmal einen Partner gefunden haben, sind sie sich ein Leben lang treu und paaren sich nur neu, wenn einer von ihnen stirbt.

Im März und April fangen die Graugänse an zu brüten. In das fertige Nest legt das Weibchen vier bis neun Eier. Die Eier haben eine weiße oder gelbliche Schale. Nach etwa vier Wochen schlüpfen die Jungen aus den Eiern aus.

Meist bleiben die Jungtiere bis zur nächsten Brut mit ihren Eltern zusammen und sind auch später oft noch in deren Nähe. Graugänse erkennen sich gegenseitig an ihrem Ruf. Auf großen Rastplätzen herrscht oft ein riesiges Geschnatter und Gerufe, bis sich alle Familienmitglieder wieder gefunden haben.

Größe	bis 90 cm
Gewicht	bis 4 kg
Vorkommen	Europa
Farbe	grau, weißlich, braun
Besonderheiten	Flügelspannweite bis 180 cm

GRAUREIHER

Der Graureiher gehört zu den Schreitvögeln. Wenn du ihn dir mit seinen langen Beinen genau anschaust, wie er herumstolziert, verstehst du sicherlich, warum er ein Schreitvogel ist.

Den Graureiher findest du überall da, wo es seichte und dicht bewachsene Seen, Tümpel und Teiche gibt. Viele Graureiher gibt es in Mecklenburg-Vorpommern. In letzter Zeit wandert er aber auch vom Land in die Stadt und manchmal kannst du ihn sogar in Innenstädten finden. Ob er einen Einkaufsbummel macht?

Bei der Nahrungssuche schleicht der Graureiher mit gebeugtem Kopf und krummem Hals durchs flache Wasser. Wenn er Fische, Frösche, Molche oder Wasserinsekten sieht, sticht er blitzartig zu und frisst sie auf.

Die Nester werden in den Wipfeln der Bäume gebaut und das Weibchen legt vier bis fünf hellgrüne Eier.

Der älteste Graureiher, den man je gefunden hat, war 24 Jahre alt.

Größe	bis 90 cm
Gewicht	bis 2,5 kg
Vorkommen	Europa, Asien, Südafrika
Farbe	grau
Besonderheiten	Reiher sind sehr streitlustig

HABICHT

Habichte sind Greifvögel, deren ausgebreitete Flügel eine Spannweite von bis zu 120 Zentimetern haben können. Die ausgewachsenen Habichte sind auf ihrer Oberseite schiefergraubraun. Von vorne sehen sie aus, als trügen sie einen schönen, braun-weiß geringelten Pullover.

Habichte leben in Wäldern, jagen aber häufig auf Wiesen und Feldern. Zur Brutzeit suchen sie sich hohe Bäume, um ihre Horste zu bauen. Horste sind sehr große Nester, in denen die Habichte brüten und ihre Jungen aufziehen.

Habichte jagen ihre Beute entweder im Tiefflug oder beobachten sie zuerst von einer Hecke oder einem Baum aus und stürzen sich dann auf sie. Im Frühjahr und Sommer suchen Habichte auch auf Bäumen nach Nestern und erbeuten so viele junge Vögel. Bei kleinen Vogelarten stehlen sie sogar das ganze Nest. Im Frühjahr wird der Horst mit grünen Zweigen gebaut. Die Eier werden dann im März oder April gelegt. Meist sind es zwei bis vier Stück. Sie haben eine blassgrüne bis blassblaue Farbe. Nach einer Brutzeit von 37 bis 39 Tagen schlüpfen die kleinen Habichte aus. Etwa drei bis sechs Wochen nach dem ersten Ausfliegen verlassen sie ihre Eltern.

Größe	bis 60 cm
Gewicht	bis 1,5 kg
Vorkommen	Europa, Asien, Nordamerika
Farbe	grau, weiß, braun
Besonderheiten	Weibchen ist größer und schwerer

HAUSROT-SCHWANZ

Der Hausrotschwanz hat einen langen, gerundeten, roten Schwanz, der ständig zittert. Das Männchen ist dunkelgrau, das Weibchen dunkelgraubraun. Eigentlich war der Hausrotschwanz in den hohen Bergen zu Hause, aber er ist vor etwa 200 Jahren von dort ins flache Land umgezogen.

Als Ersatz für die Felsen in den Bergen hat er einfach unsere Häuser genommen. Er quietscht schon gern am frühen Morgen mit seinem heiseren Gesang von einem Dachfirst oder der nächsten Fernsehantenne und ist dann leicht zu entdecken.

Der Hausrotschwanz ist ein Zugvogel, der den Winter lieber ohne kalte Füße am Mittelmeer oder sogar in der Nähe der Sahara verbringt. Er frisst Insekten, Spinnen oder Beeren.

Für sein Nest wählt der Hausrotschwanz „Höhlen" jeder Art. Schau mal unter der Markise, im Gartenschuppen oder in einem Holzstapel nach. Das Weibchen baut an solchen Orten ein ziemlich unordentliches Nest und legt vier bis sechs hellblaue bis weiße Eier. Nach etwa zwei Wochen schlüpfen die Jungen aus.

Größe	bis 15 cm
Gewicht	ca. 20 g
Vorkommen	Europa, Nordafrika
Farbe	graubraun, rot
Besonderheiten	brütet bis zu dreimal im Jahr

HECHT

Hechte sind Raubfische. Sie haben einen torpedoförmigen Körper und ein breites Maul mit spitzen, gebogenen Zähnen. Sie sind sehr gefräßig und nicht besonders wählerisch bei dem, was sie sich da so ins schnabelförmige Maul stopfen.

Größe	bis 130 cm
Gewicht	bis 25 kg
Vorkommen	Europa, Asien
Farbe	graugrün, braun
Besonderheiten	leckerer Speisefisch

Sie fressen die eigenen Jungtiere auf und machen auch vor Fröschen, Blutegeln, Molchen und junge Enten nicht halt. Hechte fressen sogar Artgenossen, die beinahe so groß wie sie selbst sind. Hechte leben in sauberen, stehenden oder langsam fließenden Gewässern.

Sobald der Winter endlich weicht, beginnt die Laichzeit der Hechte. Ein einziges Weibchen kann sage und schreibe bis zu 500.000 winzige Eier ablegen.
Die Eier bleiben an Wasserpflanzen kleben. Die Larven schlüpfen nach zehn bis 30 Tagen aus. Die Jungfische fressen zuerst Kleinkrebse und Insektenlarven, später dann aber auch größere Beute.

HERMELIN

Hermeline sind Raubtiere und man nennt sie auch Wiesel. Sie haben einen schlanken, lang gestreckten Körper und kurze Beine. Hermeline leben an Feld- und Waldrändern, in Wäldern, aber auch im Gebirge oder in Parks.

Wenn es draußen dunkel wird, werden die Hermeline aktiv. Meistens sind sie für einige Stunden unterwegs, wieseln überall neugierig umher und ruhen sich dann von ihren Abenteuern erst einmal wieder aus.

Größe	bis 40 cm
Gewicht	bis 350 g
Vorkommen	Europa, Asien
Farbe	weiß, im Sommer braun
Besonderheiten	wird gejagt, um Pelzmäntel herzustellen

Ab und zu stellen sie sich auf die Hinterbeine und halten Ausschau, ob ihnen von irgendwoher Gefahr droht. Hermeline wohnen mit Vorliebe in verlassenen Maulwurfs- oder Hamsterbauten oder in alten Kaninchenbehausungen.

Sie feiern nicht alle zur gleichen Zeit im Jahr Hochzeit. Zwischen April und August paaren sie sich. Danach ruhen die befruchteten Eier im Bauch des Weibchens. Erst etwa ein Jahr später kommt der Nachwuchs zur Welt. Meist werden fünf bis sechs Junge geboren. Die neugeborenen Hermeline sind winzig klein und schneeweiß.

HERZMUSCHEL

Die Herzmuscheln erkennst du an ihrem tollen Aufklappmechanismus. Wie in einer kleinen Schatztruhe ist die Muschel sicher und fest zwischen zwei Kalkschalen eingeschlossen. Die beiden Hälften werden durch einen Schließmuskel fest zusammengehalten. Da die Muschel einen sehr weichen Körper hat, braucht sie diesen kleinen Panzer als Schutz.

Die Herzmuschel lebt im Meer und heftet sich mit ihren Fäden im schlammigen Wattboden fest. Sie hat eine rundliche Form und dicke Schalen mit 20 bis 28 Rippen darauf. Wenn du die Muschel von der Seite anschaust, sieht sie so ähnlich wie ein Herz aus.

Die Herzmuscheln fühlen sich im Watt, also in Sand und Schlick, besonders wohl. Dort sitzen sie im Boden und filtern Plankton aus dem Wasser. Eine drei Zentimeter große Herzmuschel kann 2,5 Liter Wasser in einer Stunde filtern.

Im Mai geben die Weibchen in der Laichzeit bis zu 50.000 Eier in das Wasser ab. Nach etwa vier Wochen Larvenphase sind dann endlich kleine, weißgelbe Muscheln aus ihnen geworden.

Größe	ca. 5 cm
Gewicht	ca. 15–30 g
Vorkommen	Europa
Farbe	weiß-gelb
Besonderheiten	Schollen, Möwen und Austernfischer fressen sie gern

HEUPFERD

Wenn du ein scharfes Zirpen hörst, dann kannst du sicher sein, dass irgendwo im Gras oder auf einem Baum verborgen ein Heupferd singt. Das Heupferd musiziert mit seinen Flügeln, indem es sie aneinanderreibt. Das Singen und Zirpen soll die Weibchen anlocken und fängt meist schon am frühen Abend an. Hat sich ein Weibchen auf den schönen Gesang hin mit dem Männchen gepaart, legt es die Eier direkt in den Boden. Wenn es kalt ist und regnet, haben die Heupferde allerdings meist keine Lust zu singen.

Die Ohren des Heupferdes sitzen am Knie des Vorderbeines. Es kann damit ganz feine Geräusche wahrnehmen. Das Heupferd ist ein toller Sportler und springt sehr gut. Bestimmt hast du dich auch schon mal erschreckt, wenn direkt vor dir ein Heupferd aus der Wiese gesprungen ist.

Heupferde ernähren sich vor allem von kleineren Insekten und Raupen. Sie verachten aber auch Blätter und andere Pflanzenteile nicht, weswegen sie verständlicherweise in Gärten nicht so gern gesehen werden.

Größe	bis 42 mm
Gewicht	ca. 1 g
Vorkommen	Europa
Farbe	grün
Besonderheiten	Fühler können bis 50 mm lang werden

HIRSCH

Die Hirsche gehören zu den Stirnwaffenträgern. Das hört sich gefährlicher an, als es ist. Die Männchen tragen ein Geweih, mit dem sie sich zur Paarungszeit unbeliebte Konkurrenten vom Hals schaffen und sie verjagen. Die Männchen sind größer als die Weibchen und haben im Winter einen dicken „Schal" aus Fell um.

Hirsche fühlen sich in großen Wäldern mit Lichtungen wohl. Sie leben aber auch in Gebirgswäldern und in Heidegebieten. Tagsüber halten sich die Hirsche versteckt und kommen erst in der Abenddämmerung zum Fressen hervor.

Die Weibchen leben zusammen mit den Jungtieren und einer Anführerin im Rudel. Die Männchen ziehen als Einzelgänger durch die Weltgeschichte oder tun sich in Junggesellengruppen zusammen.

Im Herbst wird es laut in den Wäldern. Dann brüllen die Hirschmänner laut herum, um ihr Revier zu verteidigen und die Weibchen anzulocken. Oft kommt es in dieser Zeit zu Kämpfen zwischen den Männchen. Mit gegeneinandergedrückten Geweihen streiten sie darum, wer stärker ist. Der Sieger darf die Hirschkühe um sich scharen und sich mit ihnen paaren. Nach acht Monaten kommen die Jungen zur Welt. Meist bekommt jede Kuh nur ein Junges.

Größe	bis 1,50 m
Gewicht	bis 350 kg
Vorkommen	Europa, Nordamerika, Asien
Farbe	rotbraun
Besonderheiten	Geweih kann bis zu 20 kg wiegen

HONIGBIENE

Die Bienen sind kleine, ganz fleißige Helfer, die uns den Honig schenken und die Blüten bestäuben. Mit ihrem schwarzgelben Ringelpullover fliegen sie von Blüte zu Blüte und sammeln Nektar.

Der Körper der Biene besteht aus drei Teilen, dem Kopf, dem Brustteil und dem Hinterleib. Der größte Körperabschnitt ist der Hinterleib mit dem Giftstachel.

Bienen bauen sich ihr Zuhause selbst. Sie produzieren Wachsplatten, die auch Waben heißen und bringen daran sechseckige Zellen an. Darin entwickeln sich nicht nur die Larven, sondern es werden auch Vorräte aufbewahrt. Diese Waben sind eine wahre Meisterleistung, denn sie passen perfekt ineinander und kein Millimeter Platz geht verloren.

Es gibt drei verschiedene Bewohner in so einem Bienenstock. Die, die du im Garten fliegen siehst, sind die Arbeiterinnen. Sie können sich nicht fortpflanzen, sie sammeln nur Nektar. Die Königin ist größer und nur für den Nachwuchs zuständig. Sie legt jeden Tag mehr als 1500 Eier. Dann gibt es natürlich noch die männlichen Bienen, die Drohnen. Sie haben keinen Stachel und ihre einzige Aufgabe ist es, sich mit der Königin zu paaren.

Größe	bis 20 mm
Gewicht	80–200 mg
Vorkommen	weltweit
Farbe	gelb, schwarz
Besonderheiten	ein Bienenstaat besteht aus 40.000–80.000 Tieren

HORNISSE

Größe	bis 35 mm
Gewicht	100–250 mg
Vorkommen	Europa
Farbe	gelb, schwarz
Besonderheiten	Stiche sind nur bei Allergikern gefährlich

Hornissen gehören zur Familie der Wespen und bauen ihre Nester gern in alten Baumhöhlen. Da diese Höhlen ziemlich selten sind, nisten sie sich auch auf Dachböden oder in Schuppen ein. Hornissen bauen ihre Nester Wabe für Wabe aus zerkautem Holz und Speichel.

In diese Waben legt die Königin die Eier. Nach fünf bis acht Tagen schlüpfen aus den Eiern die Larven. Wenn die Larven hungrig sind, machen sie sich durch Kratzen bemerkbar. Nach etwa zwei Wochen spinnen die Larven einen Deckel und verpuppen sich. Nach zwei weiteren Wochen haben sie sich in richtige Hornissen verwandelt.

So ein Hornissenstaat wird von einigen hundert Tieren bewohnt. Im späten Herbst sterben die Arbeiterinnen, Männchen und die alte Königin. Nur die jungen Weibchen überwintern in der Erde und gründen dann im nächsten Frühjahr einen neuen Staat.

IGEL

Größe	bis 30 cm
Gewicht	bis 1 kg
Vorkommen	Europa
Farbe	schwarz, beige
Besonderheiten	nur Igel unter 500 g Gewicht im Herbst zum Überwintern ins Haus holen!

Die Igel gehören zu den ältesten Säugetieren unserer Welt und haben die Erde schon vor etwa 60 Millionen Jahren bewohnt. Sie sind Nachttiere und verschlafen beinahe den ganzen Tag. Wach werden die stacheligen Gesellen erst, wenn es draußen dunkel wird. Dann ist auch die beste Zeit, um sie zu beobachten.

Einen Igel hörst du meist, bevor du ihn siehst. Raschelndes Laub, knackende Äste oder lautes Schmatzen kündigen ihn an. Igel geben sich keine besondere Mühe, leise zu sein. Wenn ihnen Gefahr droht, rollen sie sich schnell ein und warten in ihrem Stachelkleid ab.

Igel fressen vor allem Insekten, aber auch Regenwürmer oder Schnecken. Sie halten einen Winterschlaf und verbringen die Zeit von November bis April in einem geschützten Nest. Als Winterquartier dienen ihnen aber auch Reisig- oder Laubhaufen.

Die Paarungszeit der Igel beginnt im Frühjahr und kann bis in den August dauern. Nach einer Tragezeit von 35 Tagen bringt das Igelweibchen seinen Nachwuchs zur Welt.

IGELUNTERSCHLUPF

Wenn es Winter wird und du einen Igel findest, der nicht genügend Fett für den Winter hat, kannst du ihn bei dir aufnehmen. Wenn er weniger als 500 Gramm wiegt, braucht er deine Hilfe. Aber wirklich nur dann!

1 Wenn der Igel unterkühlt ist, musst du ihn zuerst aufwärmen. Am besten geht das mit einer Wärmflasche, die du mit warmem Wasser füllst (nicht heiß!). Darum wickelst du ein Handtuch und legst sie in einen Pappkarton hinein. Den Igel setzt du darauf und deckst ihn mit einem zweiten Handtuch zu. Das Wasser musst du nun so oft erneuern, bis dem Igel wieder richtig warm ist. Das kann einige Stunden dauern.

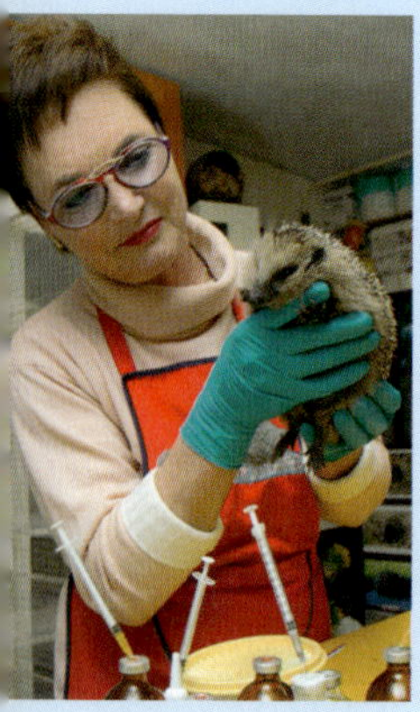

2 Dem Igel kannst du in der Zeit ein Schälchen Wasser und ein wenig gebratenes Rührei anbieten. Ganz wichtig ist, dass du ihm keine Milch oder gewürzte Nahrung gibst. Milch ist für Igel gefährlich! Lasse den Igel danach erst einmal zwei Stunden zur Ruhe kommen und sich eingewöhnen. Sicherheitshalber solltest du deinen Igel auch einem Tierarzt zeigen. Da bekommst du alles gegen Zecken, Flöhe und andere lästige Untermieter.

3 Für den neuen Hausgenossen brauchst du jetzt einen Unterschlupf. Nimm dazu einen alten Schuhkarton und schneide ein quadratisches Loch hinein (etwa zehn mal zehn Zentimeter). Den Karton kannst du dann mit Zeitungsschnipseln oder Heu füllen und deinen Igel hineinsetzen. Das kleine Nest stellst du dann in einen größeren Karton, den du mit Zeitungspapier auslegst. Jetzt hat dein Igel ein Schlafnest und einen schönen Auslauf. Das Ganze kommt dann am besten auf den Balkon oder die Terrasse oder aber auch in den Keller, wo es kühl ist.

4 Füttern kannst du deinen Igel mit Katzenfutter. Es gibt auch Igeltrockenfutter aus dem Zoogeschäft. Die meisten Igel lieben ein in wenig Fett gebratenes, ungewürztes Rührei und hin und wieder auch reifes Obst zum Nachtisch. Deinen Pflegeigel fütterst du einmal am Tag mit einem Joghurtbecher voll Nahrung. Wenn der Igel sein Idealgewicht erreicht hat, nimmt er keine weitere Nahrung mehr zu sich und beginnt automatisch mit seinem Winterschlaf.

5 Irgendwann ist aber auch der längste Winter vorbei und dein pieksender Freund muss wieder zurück in die Natur. Wenn der Igel aus seinem Winterschlaf erwacht ist, fütterst du ihn noch eine Weile. Spätestens Anfang Mai musst du ihm jedoch wieder die Freiheit schenken! Setze ihn am besten dorthin, wo du ihn gefunden hast. Falls euer Garten nicht zu ordentlich ist, bleibt er vielleicht da.

ILTIS

Der Iltis gehört zu den Mardern und du kannst ihn an seiner lustigen, weiß gestreiften Gesichtsmaske erkennen.

Er lebt auf Wiesen, Feldern und in Wäldern. Besonders gern hält sich der Iltis in der Nähe von Wasser und in feuchten Gebieten auf. Oft wohnt er auch in der Nähe des Menschen und jagt Mäuse auf Dachböden.

Der Iltis jagt nachts an Ufern von Teichen und Seen. Dort stöbert und schnüffelt er auf der Suche nach Nahrung herum und stürzt sich auch in die Fluten. Er ist ein guter Schwimmer, der sogar tauchen kann. Iltisse ernähren sich von kleinen Säugetieren, Vögeln, Fischen und Lurchen. Insekten und Schnecken fressen sie nur im Notfall.

Ihre Nester bauen Iltisse meistens in leeren Kaninchenbauten oder selbst gegrabenen Höhlen. Die Nester werden mit Blättern, Heu und Moos gut gepolstert. Die Paarung findet im Frühjahr statt. Nach etwa sieben Wochen werden schließlich vier bis acht Junge geboren.

Größe	bis 45 cm
Gewicht	bis 1 kg
Vorkommen	Europa, Asien
Farbe	schwarz, braun, weiß
Besonderheiten	fühlt sich ein Iltis bedroht, spritzt er ein stinkendes Sekret aus den Afterdrüsen

JUNIKÄFER

Der Junikäfer gehört zur Familie der Blatthornkäfer und ist mit dem Maikäfer verwandt.

Er lebt gern in Laubwäldern, Parks oder im Garten. Wenn sie in ganzen Horden angeflogen kommen und die Bäume ratzekahl leer fressen, können sie großen Schaden anrichten. Es gibt ganze Waldstriche, in denen kein Blatt mehr am Baum hängt, nachdem so ein Käferüberfall stattgefunden hat.

Der Hochzeitsflug der Käfer wird erst bei Sonnenuntergang gefeiert. Die Weibchen legen nach der Paarung etwa 30 bis 40 Eier im Boden ab. Daraus entwickeln sich Larven, die auch Engerlinge genannt werden. Sie fressen zuerst Pflanzenreste und kleinere Wurzeln. Nachdem die Larven zweimal im Boden überwintert haben, verpuppen sie sich schließlich. Im Juni schlüpfen sie aus und sind fertige Käfer.

Zu den natürlichen Feinden des Junikäfers zählen der Maulwurf und die Spitzmaus.

Größe	bis 18 mm
Gewicht	5–8 g
Vorkommen	Europa, Asien
Farbe	rotbraun
Besonderheiten	ist behaart

KARPFEN

Karpfen haben ein rüsselförmiges Fischmaul, an dem rechts und links zwei Bartfädenpaare hängen. Daran kannst du sie wunderbar erkennen. Karpfen leben gern in warmen, flachen Teichen oder Flüssen. Sie sind friedliche Fische und fressen Insektenlarven, Schnecken und Würmer. Meist verbringen sie den Tag im Gewässer stehend und werden erst abends aktiv.

Zur Paarungszeit treffen sich die Karpfenmännchen und die Weibchen an flachen und pflanzenreichen Stellen des Gewässers. Das Männchen spielt mit dem Weibchen Fangen und stößt dann mit dem Maul mehrfach gegen die Seite des Weibchens. Das Weibchen legt nach dieser Aufforderung die Eier ins Wasser ab. Das Männchen gibt seinen Samen hinzu und befruchtet die Eier. Das Weibchen kann bis zu 1,5 Millionen Eier ablegen. Die befruchteten Eier bleiben an Pflanzen hängen.

Nach etwa fünf Tagen schlüpfen aus den Eiern kleine Fischchen. Kurze Zeit nach dem Schlüpfen ernähren sie sich noch von dem Dottersack an ihrem Bauch. Dann beginnen sie, Insekten und Kleinkrebse zu fressen.

Größe	bis 1 m
Gewicht	bis 35 kg
Vorkommen	Europa, Asien, Amerika, Australien
Farbe	braun, goldfarben, grau
Besonderheiten	leckerer Speisefisch

KERNBEISSER

Kirschkerne sind die Lieblingsspeise des Kernbeißers. Mit seinem großen, kräftigen Schnabel kann er sie knacken. Sind mal keine Kirschkerne zu finden, frisst er Früchte, Samen und andere Kerne. Der Kernbeißer lebt dort, wo er etwas zu knacken hat, am liebsten natürlich in Obstgärten.

Außerhalb der Brutzeit ist der Kernbeißer in kleinen Gruppen unterwegs, manchmal sind aber auch ganze Schwärme zusammen. Gemeinsam schlafen sie auch auf Bäumen und machen sich dann bei Tagesanbruch auf die Nahrungssuche.

Größe	bis 20 cm
Gewicht	bis 60 g
Vorkommen	Europa
Farbe	braun, grau, weiß
Besonderheiten	nur die Vögel aus Nordeuropa ziehen ins Winterquartier ans Mittelmeer

Zur Brutzeit wird das Kernbeißernest in Laubbäumen gebaut. Manchmal brüten auch mehrere Paare auf einem Baum. Wichtig ist den Kernbeißern, dass sie eine freie Einflugschneise zu ihrem Nest haben. Die Nester sind locker, aber ziemlich groß gebaut. Die Weibchen legen drei bis sechs Eier und brüten sie allein aus. Die Männchen füttern sie währenddessen. Wenn die Jungen geschlüpft sind, fliegen beide Eltern um die Wette, um den hungrigen Nachwuchs zu versorgen.

KIEBITZ

Kiebitze haben eine lustig wippende und ziemlich lange Federhaube auf dem Kopf, die auch Holle heißt. Am liebsten halten sie sich in feuchten Wiesen und Mooren auf. Leider gibt es davon immer weniger und so leben die Kiebitze auch auf Feldern und Weiden.

Bereits Anfang März kommen die Kiebitze aus ihrem Winterquartier in Frankreich oder Spanien zu uns zurück. Sie beginnen dann schnell mit der Balz. Dabei stürzen die Männchen taumelnd im Steilflug durch die Lüfte und rufen „Kie-witt". Daher haben sie auch ihren Namen.

Größe	bis 31 cm
Gewicht	bis 330 g
Vorkommen	Europa, Asien Nordafrika
Farbe	grünlich, weiß, schwarz
Besonderheiten	kann bis zu 25 Jahre alt werden

Vor der Paarung verbeugen sich Männchen und Weibchen viele Male voreinander. Sie sind halt sehr höflich. Meistens legt eine Kiebitzdame vier Eier. Männchen und Weibchen wechseln sich beim Brüten ab. Wenn sich Feinde dem Nest nähern, verlassen die Kiebitze es, um sie fortzulocken. Nach 26 Tagen schlüpfen schließlich die Jungen aus.

KLEIBER

Der Kleiber ist ein schöner bunter Vogel mit einem spitzen Schnabel. Er wohnt am liebsten in alten Laub- oder Mischwäldern, wo große Bäume mit rauer Rinde stehen. Aber auch in Baumhecken, Alleen, Parkanlagen, großen Gärten und Obstgärten lässt er sich gern nieder.

Kleiber lieben Bruthöhlen, die mehr als zehn Meter über dem Boden liegen. Sie sind garantiert schwindelfrei. Ist der Eingang der ausgewählten Baumhöhle dem Kleiber zu groß, verkleinert der flinke Baumeister ihn einfach. Feuchte Erdklümpchen werden mit kurzem Druck angeklebt und mit der Schnabelspitze durch Klopfen befestigt.

Der Kleiber beginnt meist im März mit dem Nestbau. Aber schon im Herbst hat er sich eine Bleibe ausgesucht, die dann im Februar sorgfältig gereinigt wird. Das ist meist die Aufgabe der Kleiberdamen. Sie legen dann sechs bis acht Eier in die Bruthöhle und nach etwa zwei Wochen schlüpfen die Jungen aus.

Größe	bis 15 cm
Gewicht	ca. 100 g
Vorkommen	Europa, Asien
Farbe	graublau, beige
Besonderheiten	kann kopfüber an einem Baumstamm herunterlaufen

KLEINER FUCHS

Der Kleine Fuchs ist nicht etwa ein gefährliches Raubtier, sondern ein hübscher Falter.

Wie alle Schmetterlinge muss auch er drei Umwandlungen durchlaufen, bevor er ein fertiger Schmetterling ist: Vom Ei zur Raupe, dann zur Puppe und schließlich zum Falter. Den fertigen Falter kannst du gut auf Blüten oder am Boden ruhend beobachten.

Den Kleinen Fuchs sieht man häufig schon an warmen Vorfrühlingstagen herumflattern. Im April ist Paarungszeit und kurze Zeit später legen die Weibchen Eier an den Brennnesseln ab. Daraus schlüpfen winzige Räupchen, die aber sehr schnell wachsen. Die großen Raupen verpuppen sich und ab Mitte Juni schlüpfen die schönen Falter aus. In einem Sommer wachsen so bis zu drei Generationen Falter heran. Im Herbst suchen sich die Falter zum Überwintern ein Versteck.

Größe	ca. 4 cm
Gewicht	ca. 1–2 g
Vorkommen	Europa, Asien
Farbe	orange, gelb, braun
Besonderheiten	Familie der Edelfalter

KÖCHERFLIEGE

Köcherfliegen sind ziemlich unauffällige, bräunliche Insekten mit dünnen, behaarten Flügeln. Sie halten sich am liebsten an Bachufern mit Büschen und Bäumen auf.

Köcherfliegen sind keine guten Flieger, nur zur Paarungszeit tanzen sie ausgiebig in der Luft. Dann umklammert das Männchen das Weibchen und sie lassen sich zur Paarung auf die Erde sinken. Anschließend wandert das Weibchen ins Wasser und klebt dort seine Eier an Steinen, Pflanzen oder Holzstücken fest.

Die Larven der Köcherfliegen leben in Bächen oder Flüssen und sind vor allem nachts aktiv. Tagsüber verstecken sie sich. Die Entwicklung bis zur erwachsenen Köcherfliege dauert etwa ein Jahr. In dieser Zeit häuten sich die Larven oft fünfmal.

Die Köcher der Fliegenlarven bestehen aus kleinen Steinchen oder Holzstückchen, die mit einem Spinnfaden zusammengeklebt wurden.

Köcherfliegenlarven sind großartige Architekten, die kleine röhrenförmige Gebilde herstellen. Diese Bauwerke heißen Köcher. Darin schützen sich die Larven vor Feinden und sie verhindern, dass die Larven von der starken Strömung fortgerissen werden.

Größe	Flügelspannweite bis 6 cm
Gewicht	20–30 mg
Vorkommen	Europa, Asien, Nordamerika
Farbe	bräunlich
Besonderheiten	Antennen fast so lang wie der Körper

KOHLWEISSLING

Wenn du einen Kohlweißling suchst, dann musst du zuerst einmal ein Kohlfeld oder ein Rapsfeld suchen. Dort hält sich der weiße Schmetterling mit den schwarzen Flügelspitzen am liebsten auf. Sie sind die am häufigsten bei uns vorkommenden Tagschmetterlinge.

So ganz beliebt sind sie allerdings nicht, auch wenn sie hübsch aussehen. Die grünlichen Raupen, die aus den Eiern schlüpfen, fressen nämlich, was das Zeug hält, und können damit sehr viel Schaden anrichten.

Der Kohlweißling fliegt von April bis Oktober. Es gibt jedes Jahr bis zu vier Generationen Schmetterlinge. Das Weibchen legt die Eier in kleinen Häufchen an den Unterseiten von Blättern ab. Nach einigen Tagen schlüpfen die Raupen aus. In nur vier Wochen vertilgen die gefräßigen Raupen riesige Blattmengen und werden etwa vier Zentimeter groß, bevor sie sich verpuppen.

Größe	ca. 4 cm
Gewicht	ca. 1 g
Vorkommen	Europa, Nordafrika, Asien
Farbe	weiß, schwarz
Besonderheiten	bei Gartenbesitzern sehr unbeliebt

KOLKRABE

Der Kolkrabe ist der größte Vertreter aus der Familie der Raben und er ist der größte Singvogel auf der Erde. Er ist außerdem ein sehr schlauer Vogel und in vielen Märchen und Sagen steht er als Symbol für die Weisheit.

Der Kolkrabe ist ein Allesfresser. Er futtert Getreide und Mais, jagt aber auch kleine Mäuse oder klaut Eier und Jungen von anderen Vögeln.

Der Kolkrabe ist ein Standvogel, das heißt, er hat einen festen Wohnsitz und ist kein Streuner. Nach dem Nisten hält er sich in der Umgebung seines Nestes auf. In der Balzzeit kannst du die Kolkraben dabei beobachten, wie sie mit heldenmutigen Flugkunststücken durch die kalte Winterluft sausen.

Der Kolkrabe baut ein rundes Nest auf Bäumen oder in Felsen. Die Paare bleiben immer zusammen und benutzen ihre Nester oft viele Jahre lang. Das Weibchen legt vier bis sechs Eier und bebrütet sie. Wenn die Jungen geschlüpft sind, werden sie von beiden Eltern gefüttert.

Größe	bis 64 cm
Gewicht	ca. 1,3 kg
Vorkommen	Europa, Asien, Amerika
Farbe	schwarz
Besonderheiten	Flügelspannweite bis 1,2 m

KÖNIGSLIBELLE

Größe	bis 8,5 cm
Gewicht	bis ca. 500 mg
Vorkommen	Europa, Asien
Farbe	blau, grün
Besonderheiten	Familie der Edellibellen

Die große Königslibelle ist wirklich eine Schönheit und trägt nicht umsonst ihren majestätischen Namen. Ihre Flügelspannweite kann bis zu zwölf Zentimeter betragen. Erkennen kannst du sie ganz leicht an ihrem blauen Hinterteil und der leuchtend grünen Brust.

Diese Luftakrobaten haben einen ganz außergewöhnlichen Flugapparat. Sie können ihre beiden Flügelpaare unabhängig voneinander bewegen und so plötzliche Richtungswechsel vollziehen, in der Luft stehen bleiben oder sogar rückwärts fliegen. Eine Libelle kann eine Geschwindigkeit von 50 Kilometern in der Stunde erreichen. Ab Anfang Juni kannst du sie an vielen Teichen oder Tümpeln bewundern. Stark bewachsene Gewässer mit viel Sonne ziehen die große Königslibelle magisch an.

Königslibellen paaren sich in Bäumen oder Büschen. Die Weibchen stechen danach die Eier mit ihrer Legeröhre in auf dem Wasser schwimmende Pflanzenteile. Die Eiablage kann mehrere Stunden dauern. Nach vier Wochen schlüpfen die Larven. Bis aus der Larve eine fertige Libelle geworden ist, vergeht noch ein ganzes Jahr.

KORMORAN

Kormorane sind große, schwarze Vögel, die einen gelben Schnabel haben. Dieser Schnabel sieht aus wie ein spitzer, scharfer Haken und ist nach unten gebogen. Kormorane leben am Wasser und können ganz ausgezeichnet tauchen. Deshalb fühlen sie sich an Meeresküsten und an Seen wohl, in denen es genügend Fische gibt, die sie bei ihren Tauchgängen erbeuten können.

Nach so einem Fischzug sitzen die Taucher oft stundenlang mit ausgestreckten Flügeln auf Felsen oder Bäumen, um ihr nasses Gefieder zu trocknen. Ihre Federn sind nicht wasserabweisend und daher sind sie klatschnass.

Größe	bis 90 cm
Gewicht	bis 3,5 kg
Vorkommen	Europa, Asien, Nordamerika, Australien
Farbe	schwarz, gelb
Besonderheiten	brüten oft zu Hunderten zusammen

Kormorane brüten in großen Kolonien. Sie bauen ihre Nester auf Felsen oder hoch oben in den Bäumen. Zwischen April und Juni legt das Weibchen vier bis fünf hellblaue Eier. Nach etwa vier Wochen schlüpfen die Jungen aus.

KRABBE

Die Krabbe gehört zu den Krebstieren, einer riesigen Gruppe von ganz unterschiedlichen Lebewesen mit mehr als 40.000 verschiedenen Arten auf der ganzen Welt. Die meisten Arten davon leben im Meer.

Krabben sind rundliche, kleine Krebse mit kräftigen Scheren, die sich meist im flachen Sand vergraben. Wenn die Flut kommt, wandern sie auf die Wattflächen hinaus und bei Ebbe ziehen sie sich in die Priele zurück.

Den Sommer verbringen die Krabben im Wattenmeer, sobald es aber kälter wird, ziehen sie in die tieferen Gewässer der Nordsee um. Die Krabbe ist trotz ihrer ziemlich kleinen Scheren ein gefräßiger Räuber. Borstenwürmer, junge Muscheln und Algen stehen auf ihrem Speiseplan.

In Deutschland werden jedes Jahr etwa 10.000 Tonnen Krabben auf den Krabbenkuttern gefangen. Sie werden noch an Bord in Salzwasser gekocht, wobei sie ihre rötliche Farbe erhalten, und später an Land aus den Panzern geschält.

Größe	bis 8 cm
Gewicht	ca. 30 g
Vorkommen	Europa
Farbe	sandfarben
Besonderheiten	wohnt im Wattenmeer

KRÄHE

Der krächzende, schwarze Schreihals lebt meistens in kleinen Wäldchen zwischen Acker- und Wiesenland oder Wiesen. Krähen haben keine Angst vor uns Menschen. Bestimmt hast du auch schon gesehen, dass sie irgendwo im Müllsack herumstöbern oder an Fenster picken.

Kurz bevor die Sonne aufgeht, werden die Schreihälse lebendig und fliegen auf der Suche nach Futter krächzend über Felder und Wälder hinweg. Die Nächte verbringen die Krähen mit vielen anderen gemeinsam auf ihren auserkorenen Schlafbäumen. Im Frühjahr kannst du sie bei Flugspielen und Kunststücken in der Luft beobachten.

Die Saatkrähen brüten mit drei Jahren das erste Mal. Haben sie einmal einen Partner gefunden, bleiben sie mit ihm zusammen. Im März beginnen sie mit dem Nestbau. Meistens brüten sie in den Kronen großer Laubbäume. Auch hier sind sie mit vielen anderen Krähenpaaren zusammen. Die Nester liegen nah beieinander. In jedem Nest liegen zwischen drei und acht Eier, die etwa 16 Tage lang bebrütet werden. Dafür ist allein das Weibchen zuständig, das während dieser Zeit vom Männchen gefüttert wird.

Größe	bis 45 cm
Gewicht	ca. 500 g
Vorkommen	Europa, Asien
Farbe	schwarz
Besonderheiten	ruft laut „Krah", „Krah"

KRANICH

Ein Kranich sieht fast wie ein Storch aus. Er ist allerdings ein wenig größer. Aber vermutlich wirst du so schnell gar keinen Kranich mehr zu Gesicht bekommen. Früher gab es viele dieser Vögel in ganz Europa. Weil sie aber immer seltener gute Lebensbedingungen finden, gibt es sie heute nur noch in Nord- und Osteuropa oder in Asien. Kraniche brauchen Lebensräume mit Sümpfen, Mooren und Feuchtwiesen. Einige Tiere kannst du mit viel Glück in Norddeutschland sehen. Sie fliegen aber jedes Frühjahr und jeden Herbst über unsere Köpfe hinweg zu ihrem Winterquartier nach Spanien oder Afrika. In dieser Zeit überqueren dann 40.000 bis 50.000 Kraniche Mitteleuropa.

Größe	1,20 m
Gewicht	bis 7 kg
Vorkommen	Europa, Asien
Farbe	grau, schwarz, rot
Besonderheiten	Name bedeutet „Krächzer"

Im Frühjahr balzen die Kranichmännchen und versuchen, das Herz einer Dame zu gewinnen.

Das Männchen stolziert dabei mit aufgerichtetem Schnabel um das Weibchen herum, verbeugt sich, schwingt mit den Flügeln oder tanzt sogar. Ein echter Kavalier eben.

Wenn das Kranichmännchen erfolgreich war, paaren sie sich. Im April oder Mai legt das Weibchen dann bis zu drei getupfte Eier in das Nest. Die Eltern wechseln sich beim Brüten ab. Nach etwa vier Wochen schlüpfen die Jungen im Abstand von zwei Tagen aus.

KREUZOTTER

Die Kreuzotter ist eigentlich die einzige Giftschlange, auf die du bei uns treffen kannst. Es gibt noch die Aspisviper, aber die kommt nur im Südschwarzwald an ganz wenigen Stellen vor. Dass du von einer Kreuzotter gebissen wirst, ist eher unwahrscheinlich. Falls es aber doch passiert, musst du unbedingt zum Arzt.

Die Kreuzotter erkennst du vor allem an ihrer typischen Zickzackzeichnung auf dem Rücken. Die Männchen sind meist grau bis schwarz und der Kontrast zu dem Zickzackband ist sehr stark. Die Weibchen sind meist bräunlich.

Größe	bis 80 cm
Gewicht	300–500 g
Vorkommen	Europa, Asien
Farbe	grau, braun, gelblich
Besonderheiten	giftig!

Die Kreuzotter mag am liebsten kühle und feuchte Wälder, Moore und Gebirge. In den Alpen kommt sie sogar in 3000 Metern Höhe vor. Sie hält sich gern an hellen Orten wie Lichtungen, Heiden und Wegrändern auf.

Kreuzottern verfallen im Winter in eine Starre, aus der die Männchen schon drei Wochen vor den Weibchen erwachen. Die Männchen sonnen sich nach der langen Ruhepause erst einmal ausgiebig und die Weibchen wandern zu den Paarungsplätzen.

Die Weibchen legen keine Eier, sondern die Jungen schlüpfen schon im Mutterleib aus den Eiern und werden dann geboren. Ende August bis Anfang Oktober kommen dann zwischen fünf und 15 kleine Kreuzottern auf die Welt.

KREUZSPINNE

Die Kreuzspinne erkennst du sofort an ihrer typischen Kreuzzeichnung auf dem Rücken, der sie auch ihren Namen verdankt. Das Rückenmuster entsteht übrigens durch die Einlagerung von sogenannten Guaninkristallen in der Haut der Spinne. Diese spiegeln das Licht.

Die Kreuzspinne lebt in einem kreisrunden Netz, das oft über 30 Zentimeter Durchmesser haben kann. Nach dem Bau sitzt sie mitten in ihrem Netz und wartet dort auf die fette Beute. Bei der kleinsten Erschütterung stürzt sie sich auf die im Netz gefangene Fliege oder Mücke und lähmt sie durch einen Biss mit ihrem Gift. Für dich ist dieser Biss nicht gefährlich, aber er kann schon ein wenig zwicken und wehtun. Etwa so wie ein Wespenstich.

Diese kleine Spinne ist kein böses Monster, sondern ein sehr nützliches Tier, das viele schädliche Insekten fängt. Daher zerstöre ihr Netz nicht!

Größe	bis 2,5 cm
Gewicht	ca. 1 g
Vorkommen	Europa
Farbe	gelbbraun
Besonderheiten	tötet ihre Beute durch Gift

KUCKUCK

„Kuckuck, Kuckuck" – der Kuckuck ruft seinen eigenen Namen. Er ist sehr scheu, und zu sehen bekommst du ihn wahrscheinlich nur, wenn er über dich hinwegfliegt. Im Flug gleitet er über die Landschaft und hält nach Raupen auf Büschen und Bäumen Ausschau, um sie dann zu fressen. Insekten beobachtet er von einem Sitzplatz aus und verfolgt sie dann.

Der Kuckuck ist ein Einzelgänger und nur zur Paarungszeit kannst du vielleicht mehrere Kuckucke zusammen sehen.

Und dann geschieht etwas Merkwürdiges. Das Weibchen legt jeweils ein Ei in ein fremdes Nest. Dabei achtet es darauf, dass die Eier farblich zu denen der Pflegefamilie passen. Dann macht sich die „Rabenmutter" aus dem Staub.

Wenn der Betrug auffällt, verlassen die anderen Vogelarten oft ihre Nester und kehren nicht wieder zurück. Bemerken sie das Kuckucksei aber nicht, brüten sie es mit aus. Wenn dann nach etwa zwei Wochen der junge Kuckuck schlüpft, macht er seinen Eltern alle Ehre. Er wirft die restlichen Eier oder Jungen aus dem Nest und lässt sich nur noch allein füttern.

Nach etwa 20 Tagen Pflege durch fremde Vögel fliegt der kleine Kuckuck davon.

Größe	ca. 34 cm
Gewicht	130 g
Vorkommen	Europa
Farbe	grau, braun
Besonderheiten	legt seine Eier in fremde Nester

LACHMÖVE

Die kleine Möwe mit dem schwarzen Gesicht hast du bestimmt schon am Meer gesehen. In jedem Hafen und an jedem Strand kannst du sie beobachten.

Lachmöwen fressen fast alle kleinen Tiere bis zur Größe einer Maus. Auch Fischabfälle von Kuttern nehmen sie gern an und manchmal stehlen sie anderen Vögeln sogar ihre Beute. Die kleinen Piraten stibitzen selbst Kuchen und Kekse aus dem Strandkorb. Also pass gut auf deine Sachen auf.

Von April bis Juli brüten die Lachmöwen in großen Kolonien.

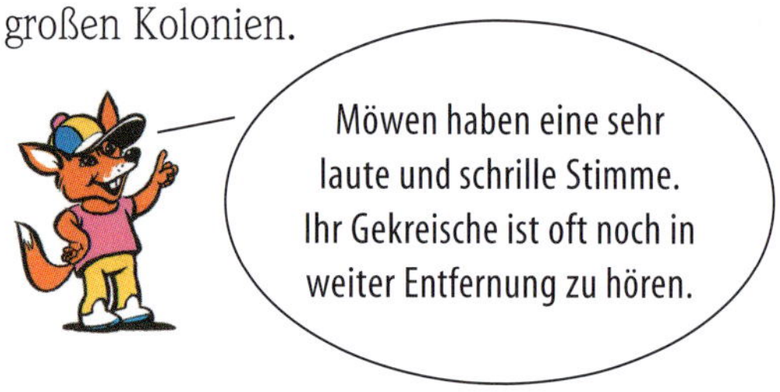

In der Nähe von Gewässern bauen sie ihre Nester und das Weibchen legt etwa drei große, braune Eier mit schwarzen Flecken hinein. Die Möweneltern bebrüten die Eier etwa drei Wochen lang, bis die Jungen schlüpfen. Die Jungvögel werden nach vier bis sechs Wochen flügge.

Größe	bis 38 cm
Gewicht	bis 400 g
Vorkommen	Europa, Asien
Farbe	weiß, schwarz
Besonderheiten	haust sogar auf Müllkippen

LAUBFROSCH

Die grünen Hüpfer findest du an Tümpeln, in feuchten Wiesen und Wäldern. Wenn es dunkel wird, begeben sie sich auf die Jagd. Ihre Beute finden sie meist am Boden. Bewegt sich ein Käfer, eine Spinne oder eine Fliege, schnellt der Laubfrosch seine lange, klebrige Zunge heraus und fängt das Tier. Da der Frosch keine Zähne hat, schluckt er es ganz herunter.

Wenn es im Frühling quakt und ruft, dann sucht der Laubfroschmann ein passendes Weibchen. Nähert sich ein Weibchen dem balzenden Männchen, unterbricht dieses sofort sein Gequake und versucht, auf den Rücken des Weibchens zu steigen. Dort bleibt es so lange sitzen, bis das Weibchen seinen Laich abgibt, und besamt diesen dann.

Die Laichballen werden an flachen Gewässerstellen an Wasserpflanzen angeklebt. Die Larven, die daraus schlüpfen, sind winzig klein und hellgelb. Je nach Wassertemperatur dauert die Umwandlung von der Kaulquappe zum Frosch 50 bis 80 Tage.

Größe	bis 5 cm
Gewicht	bis 9 g
Vorkommen	Europa
Farbe	grün
Besonderheiten	hervorragender Kletterer durch Haftballen an Fingern und Zehen

LEUCHTKÄFER

Größe	bis 2 cm
Gewicht	90–230 mg
Vorkommen	weltweit außer Antarktis
Farbe	braun
Besonderheiten	leuchtet im Dunkeln

Den Leuchtkäfer kennst du bestimmt auch unter dem Namen Glühwürmchen. Den kleinen Käfer mit der Taschenlampe kannst du an Waldrändern, in Parks und auf Wildwiesen finden. Als Larven mögen sie besonders gern Orte, an denen es vor Schnecken nur so wimmelt. Denn Schnecken sind ihr Lieblingsessen.

Das grünliche Leuchten ist die Sprache der Glühwürmchen. Man sieht es nur in der ersten Hälfte warmer Sommernächte im Juni und Juli. Dann sind die Käfer auf Partnersuche. Die flügellosen Weibchen sitzen leuchtend im Gras und antworten auf die Leuchtsignale der Männchen in der Luft.

Die Glühwürmchen haben am Hinterleib Leuchtzellen. Darin produzieren sie den Leuchtstoff Luciferin, den sie mithilfe eines körpereigenen Stoffes, der Luciferase heißt, zum Leuchten bringen können.

MAIKÄFER

Größe	bis 3 cm
Gewicht	5–8 g
Vorkommen	Europa
Farbe	braun, schwarz
Besonderheiten	Familie der Blatthornkäfer

Maikäfer sind die reinsten Blattvernichtungsmaschinen. Zuerst fressen sie die Blätter der Laubbäume, danach gehen sie sogar an die Nadelbäume. 1911 wurden in einem 1800 Hektar großen Waldgebiet über 22 Millionen Käfer eingesammelt. Zwischen 1950 und 1970 wurden die Käfer dann mit groß angelegten Bekämpfungsmaßnahmen fast ausgerottet.

Überall, wo der Maikäfer sich zeigte, haben Hubschrauber riesige Mengen an Gift gespritzt. Viele Jahre wurden danach keine lebenden Maikäfer mehr gesehen. Mittlerweile gibt es sie aber wieder.

Im April und Mai graben sich die Maikäfer aus dem Erdboden, fliegen los und fressen alles, was ihnen in die Quere kommt. Maikäfer benötigen eine Entwicklungszeit von vier Jahren. In dieser Zeit verwandeln sich die aus den Eiern geschlüpften Engerlinge zum fertigen Käfer.

MARIENKÄFER

Der kleine, rot-schwarz getupfte Käfer gilt als Glücksbringer, sodass man ihn auch Glückskäfer nennt. Je nachdem zu welcher Art er gehört, trägt er unterschiedlich viele Punkte auf dem Rücken. Besonders häufig schwirrt im Sommer der Siebenpunkt-Marienkäfer bei uns umher. Er hat je drei Punkte auf seinen Flügeln und den siebten in der Rückenmitte.

Größe	bis 8 mm
Gewicht	ca. 100 mg
Vorkommen	weltweit
Farbe	rot, schwarz
Besonderheiten	erreicht bis zu 90 Flügelschläge pro Sekunde

Die getupften Marienkäfer sausen eigentlich überall herum. An Waldrändern, auf Wiesen und natürlich auch in deinem Garten. Dort sonnen sie sich auf Blumen. Manchmal verlieren sie die Orientierung beim schnellen Umherfliegen und schwups, landen sie in deinem Zimmer.

Marienkäfer sind sehr nützliche Tiere, denn sie fressen die Blattläuse von den Pflanzen ab. Ein ausgewachsener Marienkäfer kann an einem Tag 90 Blattläuse vertilgen. Und auch die Larven ernähren sich schon von diesen kleinen Schädlingen. Die Entwicklung vom Ei über die Larve, zur Puppe bis hin zum fertigen Marienkäfer dauert etwa zwei Monate.

MAUERSEGLER

Die Mauersegler sind absolute Dauerflieger und die Könige der Lüfte. Kein anderer Vogel verbringt so viel Zeit im Fluge. Mauersegler können wochenlang ununterbrochen fliegen, sie schlafen sogar im Flug. Sie erreichen Geschwindigkeiten bis zu 200 Kilometer in der Stunde und sind damit die Ferraris unter den Vögeln.

In der Luft jagen die Mauersegler nach Insekten, die sie anfliegen und fangen. Dabei öffnen sie ihren Schnabel erst beim Zugreifen. Mauersegler jagen oft in großen Höhen, bis zu 3000 Meter über der Erde.

Größe	bis 17 cm
Gewicht	ca. 40 g
Vorkommen	Europa, Asien
Farbe	schwarzbraun
Besonderheiten	verbringt fast sein ganzes Leben in der Luft

Früher hat der Mauersegler in Felsen und Baumhöhlen gebrütet. Mittlerweile ist er in unsere Städte umgezogen und du kannst ihn auf hohen Dächern und Türmen finden. Dort baut er ein flaches Nest aus Halmen, Blättern, Haaren und Federn. Das Material sammelt er im Flug und klebt es dann mit Speichel zusammen.

MAULWURF

Größe	bis 16 cm
Gewicht	bis 130 g
Vorkommen	Europa, Asien
Farbe	schwarz
Besonderheiten	fast blind

Der Maulwurf sieht aus wie eine kleine Dampfwalze mit großen Schaufeln. Sein Schwanz ist spitz und kurz. Die Hinterbeine sind ziemlich klein und sehen eher aus wie die einer Maus. Aber seine Vorderbeine sind kräftige, große Schaufeln mit Krallen daran.

Die braucht er auch, denn er lebt unter der Erde.

Dort haust er in selbst gegrabenen Gängen, die oft ein über 150 Meter langes Labyrinth bilden. Zur Belüftung seines Gangsystems gräbt er in regelmäßigen Abständen kleine Gänge an die Erdoberfläche: die bekannten Maulwurfshügel. In seinem unterirdischen Verkehrssystem geht der Maulwurf auf Regenwurmjagd.

Dabei nützt ihm sein feines und dichtes schwarzes Fell. Dieses spezielle Fell hat keinen Haarstrich, sondern ist in alle Richtungen beweglich. Das ist deshalb wichtig, weil der Maulwurf auch rückwärts durch seine Gänge kriechen oder sich sogar darin umdrehen muss. So bleibt er nicht stecken.

MÄUSEBUSSARD

Wenn du hoch aus der Luft ein Miauen hörst, dann hast du es nicht etwa mit einer fliegenden Katze zu tun, sondern mit einem Mäusebussard. Die geben diese komischen, miauenden Rufe von sich. Sie gehören zu den Greifvögeln und du kannst sie häufig sehen, denn sie leben fast überall, nur nicht in dichten Waldgebieten.

Seinen Horst legt der Mäusebussard viel lieber am Waldrand oder auf Lichtungen an. In allen Baumarten kannst du Ausschau nach Bussardhorsten halten. Im Alter von drei Jahren brüten die Mäusebussarde zum ersten Mal.

Größe	bis 60 cm
Gewicht	bis 1 kg
Vorkommen	Europa, Asien
Farbe	grau, weiß, braun
Besonderheiten	schwebt oft stundenlang kreisend am Himmel

Mit ihren Balzflügen beginnen die Vögel im Februar und März. Der Horst wird auf hochgelegenen Astgabeln gebaut. Das Weibchen legt zwei bis vier Eier mit einem Abstand von etwa zwei Tagen. Die Jungen schlüpfen dann nach fünf Wochen aus.

Der Mäusebussard vertilgt in Massen Feldmäuse, Ratten, Hamster, Maulwürfe und Spitzmäuse. Meist sitzt er auf einem Pfahl oder auf einem anderen Aussichtsplatz und greift sich, sobald er sie entdeckt hat, die Beute mit den kräftigen Fängen.

MIESMUSCHEL

Die Miesmuschel ist oval und hat eine glatte Schale mit brauner oder blauer Haut. Im Inneren glänzt die Muschel wie Perlmutt.

Sie ist im Meer zu Hause und dort ernährt sie sich von Plankton, also winzigen, im Wasser treibenden Lebewesen. Große Muscheln filtern etwa zwei Liter Wasser in der Stunde. Das funktioniert ähnlich wie bei einer Kaffeemaschine. Das Kaffeepulver bleibt im Filter hängen und der fertige, flüssige Kaffee läuft durch den Filter hindurch.

Bei ihren Filteraktionen geraten außer Plankton natürlich auch noch andere Substanzen in die kleinen Kläranlagen. Kann die Muschel diese nicht gebrauchen, werden sie wieder ausgeschieden.

Während der Fortpflanzung im Sommer gibt jedes Muschelweibchen unglaubliche zwölf Millionen Eier ins Wasser ab. Dort werden sie dann von den Samenzellen der Männchen befruchtet. Die winzigen Larven werden aber fast alle von anderen Tieren aufgefressen und so ist es kein Wunder, dass die Muschelweibchen so viele Eier legen müssen. Nur so kann das Überleben der Art gesichert werden. Die überlebenden Jungmuscheln kleben sich mit Fäden, die sie selbst produzieren können, an einen festen Untergrund und bilden so regelrechte Miesmuschelbänke.

Größe	bis 5 cm
Gewicht	20–40 g
Vorkommen	Europa
Farbe	blau
Besonderheiten	wird 8 bis 10 Jahre alt

MISTKÄFER

Der Mistkäfer heißt Mistkäfer, weil er Mist frisst. Er ernährt sich nämlich von Tierkot.

Im Sommer kannst du ihn abends dabei beobachten, wie er dicht über dem Boden umherfliegt und Futter sucht. Mistkäfer können mit ihren Hinterteilen zirpende Geräusche zu erzeugen.

Im Frühling graben Männchen und Weibchen unter einem Kothaufen einen Gang in den Boden. Dieser Gang kann bis zu 50 Zentimeter lang sein. In dem Gang gräbt dann das Weibchen mehrere Abzweigungen. In jeden dieser Nebengänge wird anschließend ein Kotstückchen gebracht, auf das jeweils ein Ei gelegt wird. Dann werden die Gänge mit – ja womit wohl? – Kot verschlossen. Die Engerlinge, die aus den Eiern schlüpfen, ernähren sich von dem Kotvorrat. Sie überwintern und verpuppen sich im Frühjahr. Die fertigen Käfer schlüpfen im Sommer.

Zu den Feinden des Mistkäfers zählen viele verschiedene Vogelarten, aber auch kleine, heimische Schlangen.

Größe	bis 20 mm
Gewicht	ca. 1–2 g
Vorkommen	Europa, Asien
Farbe	blauschwarz
Besonderheiten	frisst Kot

MOSAIKJUNGFER

Größe	bis 7,5 cm
Gewicht	ca. 0,5 g
Vorkommen	Europa
Farbe	blau, grün, gelb
Besonderheiten	Flügelspannweite bis zu 11 cm

Die blaugrüne Mosaikjungfer ist eine Libelle, die du häufig sehen kannst. Sie ist selbst an den kleinsten Tümpeln oder sogar an der Regentonne anzutreffen. Die Mosaikjungfer ist sehr neugierig, vollkommen harmlos und du kannst sie sogar auf deiner Hand landen lassen. Libellen haben keinen Stachel und können daher nicht stechen!

Die Mosaikjungfer fängt ihre Nahrung im Flug. Sie fliegt immer wieder bestimmte Bahnen ab, um Futter zu erbeuten.

Das Weibchen legt während der Fortpflanzungszeit seine Eier auf dichtem Schilf, Gras oder totem Holz ab. Die Eier überwintern und die im nächsten Jahr geschlüpften Larven benötigen noch zwei Jahre zur Entwicklung. Die fertigen Mosaikjungfern schlüpfen dann sehr früh am Morgen und werden oft schon von Vögeln als Frühstück erwartet.

MURMELTIER

Größe	bis 60 cm
Gewicht	bis 7 kg
Vorkommen	Europa, Asien, Nordamerika
Farbe	braun, beige
Besonderheiten	begrüßen sich, indem sie die Nasen aneinanderreiben

Murmeltiere wohnen in den Bergen. Dort bauen sie lange Gangsysteme, in denen sie leben. Diese Gänge können über 70 Meter lang sein. Tagsüber verlassen sie ihre Bauten. Sie laufen eifrig am Boden umher und sammeln Gräser und Kräuter, Samen und Insekten. Klettern können sie nur schlecht.

Die meisten Murmeltiere leben in Kolonien und verständigen sich untereinander durch Pfeiftöne. Diese Pfiffe werden auch als Warnsignal zur Ankündigung von Gefahren ausgestoßen.

Im Winter halten Murmeltiere einen langen Winterschlaf. Die Schlafhöhle wird dafür mit weichem Gras ausgepolstert. Das Murmeltier rollt sich darin zusammen und steht die nächsten sechs Monate nicht mehr auf. Für diese lange Ruhezeit hat sich das Murmeltier im Sommer ein dickes Fettpolster angefressen. Während des Winterschlafs atmet das Murmeltier nur noch etwa zweimal pro Minute und der Herzschlag sinkt von 200 auf 20 Schläge in der Minute.

Murmeltiere paaren sich kurz nach dem Erwachen aus dem erholsamen Winterschlaf. Nach fünf Wochen Tragzeit werden schließlich bis zu sieben blinde, kleine Murmeltierbabys geboren.

NACHTIGALL

Größe	bis 17 cm
Gewicht	etwa 30 g
Vorkommen	Europa, Nordafrika, Asien
Farbe	rotbraun
Besonderheiten	hüpft am Boden und wippt mit dem Schwanz

Die Nachtigall ist ein kleiner Meistersänger und mit ihrem wunderschönen, klaren Gesang den meisten Menschen nur noch aus alten Frühlingsliedern bekannt. Der Vogel benötigt dichtes Unterholz und viel Laub, um zu brüten. Da es immer weniger solcher ungestörter Brutplätze gibt, ist die Nachtigall selten geworden.

Dabei ist der kleine Sänger ein echter Star, der bis zu 260 unterschiedliche Strophen zwitschern und trällern kann. Die Nachtigall singt gern in der Nacht, lässt aber auch tagsüber einmal ein Liedchen erklingen.

Die Nahrung der Nachtigall besteht hauptsächlich aus Insekten und Larven. Aber auch Regenwürmer und Spinnen stehen auf ihrem Speiseplan. Im Spätsommer frisst sie gern Beeren und andere saftige Früchte.
Das Weibchen baut nach der Paarung unter äußerster Geheimhaltung das Nest am Boden.

Nach drei bis fünf Tagen legt es dann vier bis sechs graugrüne Eier. Nach ungefähr zwei Wochen schlüpfen daraus die Jungen aus.
Die Nachtigall brütet nur einmal im Jahr.

OHRWURM

Wenn du ein Lied zu oft gehört hast und es dir den ganzen Tag nicht mehr aus dem Kopf geht, dann hast du einen Ohrwurm. Wieder einmal so eine Sache, die auf den ersten Blick eigentlich überhaupt nichts in einem Naturführer zu suchen hat, oder?

Ein Ohrwurm ist aber auch ein kleines Insekt. Doch woher hat er seinen Namen? Man vermutet einerseits, dass die Tiere früher pulverisiert und als Medizin gegen Ohrenkrankheiten angewendet wurden. Andere wiederum behaupten, er habe seinen Namen, weil die Menschen früher fälschlicherweise glaubten, er krabble auf der Suche nach einem Versteck auch in das menschliche Ohr.

Wie auch immer: Er ist ein nützlicher Allesfresser, der die Blätter von den lästigen Blattläusen befreit. Du kannst ihn häufig finden, denn er lebt fast überall. Ohrwürmer hausen unter Steinen, im Geröll, unter Pflanzen, unter der Baumrinde, im Gemüse und sogar in Spalten von Fußböden.

Die Weibchen graben dünne Röhren in den Boden. Dort legen sie im Frühjahr und im Herbst etwa 50 Eier hinein. Danach passen sie so lange gut auf die Eier auf, bis die Larven ausschlüpfen. Die Larven häuten sich vier- oder fünfmal und überwintern in Verstecken unter Baumrinden.

Größe	bis 20 mm
Gewicht	20–30 mg
Vorkommen	weltweit
Farbe	rotbraun
Besonderheiten	fühlt sich fast überall wohl

REGENWURM

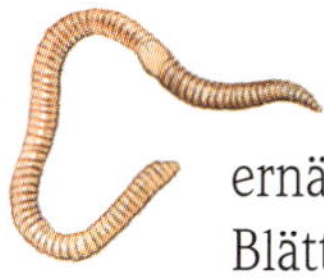

Der Regenwurm ist ein tolles Tier. Er hat keine Füße oder Flügel, sondern er bewegt sich fort, indem er abwechselnd die Längsmuskeln und seine Quermuskeln zusammenzieht. Du erkennst die Muskeln auch sehr gut an den einzelnen Ringelabschnitten.

Er ist ein sehr nützliches Tier, weil er in der Erde lebt und sich ein weit verzweigtes Netz von Gängen baut. Damit lockert er die Erde auf. Außerdem vermischt er beim Herumkriechen die verschiedenen Erdschichten. Der Regenwurm ernährt sich von alten Blättern und abgestorbenen Wurzeln. Diese scheidet er dann nach der Verdauung wieder als frische Erde aus.

Regenwürmer sind Zwitter, aber sie müssen sich trotzdem mit einem anderen Wurm paaren. Zwei Würmer legen sich mit dem Bauch aneinander und umwickeln den anderen Wurm mit viel Schleim. Dieser Schleim wird langsam hart und hält den anderen Wurm fest. Die Würmer tauschen jetzt ihren männlichen Samen aus und speichern ihn. Dann kriechen sie weg. Der Regenwurm legt dann ein Ei, befruchtet es mit dem Samen und schützt es durch einen Schleimkokon. So ein Regenwurm legt etwa 40 Kokons. Daraus schlüpfen nach zwei bis drei Monaten kleine Würmer.

Größe	bis 30 cm
Gewicht	ca. 1–2 g
Vorkommen	weltweit
Farbe	bräunlich rot
Besonderheiten	weltweit mehr als 3000 Regenwurmarten

RINGELNATTER

Die Ringelnatter ist die bei uns am stärksten verbreitete Schlange und wirklich ganz harmlos. Als eindeutiges Erkennungszeichen dienen dir die hellen Flecken am Kopf.

Ringelnattern lieben das Wasser. Sie leben an Tümpeln, kleinen Seen und auf feuchten Feldern und Wiesen. Ringelnattern sind hervorragende Schwimmer und können auch tauchen. Beim Schwimmen heben sie den Kopf aus dem Wasser und sehen sich um.

Meistens sind sie am Tag aktiv und verstecken sich in der Nacht. Ringelnattern sind wechselwarm und ihre Körpertemperatur ist daher nicht immer gleich, sondern von der Umgebungstemperatur abhängig. Zum Wachwerden und Aufwärmen genießen sie daher morgens ein Sonnenbad.

Im Frühjahr ist Paarungszeit und manchmal treffen sich an die 60 Tiere an einem Platz. Die Männchen sind dabei immer in der Überzahl. Das Weibchen legt bis zu 40 Eier, meist in einen alten Baumstumpf. Die kleinen Ringelnattern schlüpfen dann im Herbst.

Größe	bis 1,80 m
Gewicht	bis 2 kg
Vorkommen	Europa, Asien, Nordafrika
Farbe	rotbraun, grau oder grünlich
Besonderheiten	wird bis zu 25 Jahre alt

RINGELTAUBE

Obwohl die Ringeltaube einen ziemlich plumpen Körperbau hat, ist sie ein sehr geschickter Flieger. Sie kann durch mutige Flugmanöver ihre Feinde abschütteln.

Sie lebt in Wäldern, Gärten und Parks. Dort ernährt sie sich von Samen, Knospen und Beeren. Im Herbst und Winter fressen die Ringeltauben auch gern Bucheckern und Eicheln.

Ihr Nest bauen die Ringeltauben hoch oben in den Bäumen aus kleinen Zweigen und Halmen. Meistens brüten sie nur ein oder zwei Eier aus.

Größe	bis 45 cm
Gewicht	bis 600 g
Vorkommen	Europa, Nordafrika
Farbe	grau, weiß
Besonderheiten	größte und verbreitetste Taube in Europa

Die Jungen schlüpfen nach etwa 17 Tagen und werden mit der sogenannten Kropfmilch gefüttert. Die Kropfmilch wird von den Elterntieren produziert. Du kannst sie dir ähnlich wie weißen Frischkäse vorstellen. Die Taubeneltern würgen sie hoch und füttern die Jungen während ihrer ersten Lebenstage direkt aus ihrem Schnabel damit.
Kropfmilch besteht aus viel Wasser, Eiweiß und Fetten.

ROTKEHLCHEN

Die Rotkehlchen haben ihren Namen der roten Färbung ihrer Brustfedern zu verdanken. Daran kannst du sie natürlich auch prima erkennen. Sie sind nützliche kleine Ungeziefervernichter, weil sie Schädlinge auffressen.

Größe	bis 14 cm
Gewicht	ca. 20 g
Vorkommen	Europa, Asien, Nordafrika
Farbe	rot, graubraun
Besonderheiten	kann pro Jahr über 18 Junge bekommen

Im Winter leben sie von Beeren und Samen und sind dir natürlich für eine Futterstelle oder ein Vogelhaus sehr dankbar. Da kannst du sie dann auch gut beobachten.

Zur Verteidigung ihres Reviers singen die Vögel, dringt aber trotzdem ein ungebetener Gast ein, wird dem Rivalen mit der leuchtend roten Brust gedroht. Dazu plustert sich der Vogel auf und breitet die Flügel aus.

Rotkehlchen brüten zwei- oder sogar dreimal im Jahr. Das Nest wird aus Pflanzenteilen zwischen Gestrüpp oder Baumwurzeln gebaut. Das Weibchen legt bis zu neun Eier und brütet sie aus. Nach etwa zwei Wochen schlüpfen die Jungen schließlich aus.

FUTTERHAUS FÜR VÖGEL

Vögelhäuschen gibt es in den verschiedensten Formen und Größen: mal klein, mal riesig, mal mit spitzem Dach, mal mit flachem … Hier findest du die Bastelanleitung für eine Futterstelle mit Flachdach, an der du die Vögel in deinem Garten versorgen kannst. Lass dir dabei aber am besten von einem Erwachsenen helfen.

Dafür benötigst du folgendes Material:

- 2 Holzplatten (ca. 25 x 25 cm)
- 4 Holzleisten (jeweils 20 cm)
- Holzleim

1 Die Holzplatten besorgst du dir am besten in einem Baumarkt; du kannst aber zum Beispiel auch das Holz einer alten Holzkiste oder Ähnliches verwerten.

2 Die Bodenplatte des Futterhauses sollte etwa 25 mal 25 Zentimeter groß sein. An diese Platte klebst du mit wasserfestem Holzleim senkrecht vier gleichlange Holzleisten an. Die Holzleisten sollten um die 20 Zentimeter lang sein.

3 Auf die gerade stehenden und gut verklebten Leisten legst du nun als Dach die zweite Holzplatte und leimst sie ebenfalls an. Sie sollte mindestens so groß sein wie die Bodenplatte. Natürlich kannst du auch ein Schrägdach bauen, aber das ist ziemlich schwierig und du wirst bestimmt Hilfe dafür brauchen.

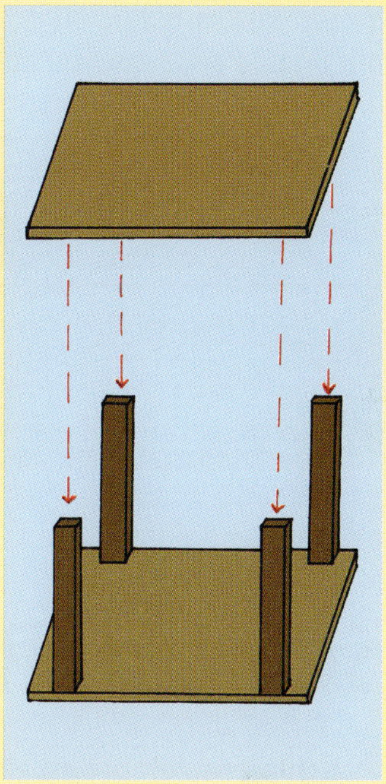

4 Das fertige Futterhaus befestigst du gut und befüllst es mit Futter. Am besten stellst du es an eine erhöhte Stelle, vielleicht auf die Gartenhecke, eine breite Fensterbank oder du baust gleich einen Ständer für die Futterstelle mit. Auf gar keinen Fall darfst du die fertige Futterstelle auf dem Boden platzieren. Sonst fällt die hungrige, bunte Vogelschar leicht einer Katze zum Opfer.

RÜCKEN-SCHWIMMER

Größe	ca. 1,5 cm
Gewicht	ca. 30 mg
Vorkommen	Europa, Nordafrika
Farbe	braun, grün
Besonderheiten	legt Hunderte von Eiern in Pflanzen ab

Der Rückenschwimmer ist ein Wasserinsekt und gehört zu den Wanzen. Du findest ihn in kleinen Tümpeln, die dicht bewachsen sind. Dort schwimmt er mit dem Rücken nach unten nahe an der Wasseroberfläche.

Damit der Rückenschwimmer länger unter Wasser bleiben kann, hat er am Bauch zwei dicht mit Haaren bewachsene Rinnen, in denen er wie ein Taucher einen Luftvorrat zum Atmen mitnimmt. Er hat große dunkle Augen, mit denen er über und unter Wasser sehr gut sieht.

Wenn er nicht schwimmt, kann der Rückenschwimmer auch fliegen, denn er besitzt große Flügel. Nach einem erfrischenden Bad muss er aber erst auf einen Stock oder Stein klettern, um die Flügel zu trocknen.

Rückenschwimmer sind Raubinsekten, die Larven und Wasserspinnen im Wasser fangen. Er hält sie mit den Vorderbeinen fest, sticht sie mit seinem Stachel und saugt sie aus.

Dieser Stachel kann auch dich stechen, also sei besser vorsichtig!

SCHLEIEREULE

Schleiereulen haben eine herzförmige Zeichnung im runden Gesicht, den sogenannten Gesichtsschleier, dem sie auch ihren Namen verdanken. Die Augen schauen direkt nach vorne und sitzen nicht, wie bei den meisten anderen Vögeln, an der Seite des Kopfes.

Die Schleiereulen fliegen in der Nacht und verbringen den Tag dösend an ihrem Ruheplatz. Ihre Flügelspannweite kann bis zu einen Meter betragen. Die Weibchen sind sogar noch etwas größer als die Männchen.

Schleiereulen leben am liebsten in felsigen Gegenden. Aber auch in der Nähe des Menschen kann man sie immer öfter finden. Sie wohnen in Scheunen, Türmen, alten Gemäuern und manchmal sogar zur Untermiete in Taubenschlägen.

Größe	bis 35 cm
Gewicht	bis 350 g
Vorkommen	Europa, Nordamerika, Asien
Farbe	weiß, beige, hellbraun
Besonderheiten	jagt erst in der Nacht

Im Frühling werden im Abstand von je zwei Tagen die Eier gelegt und etwa 30 Tage lang vom Weibchen ausgebrütet. Es fängt direkt beim ersten Ei an zu brüten, sodass die Jungen mit etwas Abstand nacheinander schlüpfen. Das Weibchen brütet allein und das Männchen sucht unterdessen die Nahrung.

SCHWALBE

Schwalben brauchen Dreck, viel Dreck, aber nicht irgendeinen Dreck, sondern lehmige und feuchte Erde. Sie sammeln ihn in kleinen Portionen mit dem Schnabel ein und benutzen ihn zum Bau für die Schwalbennester.

Schwalben findest du auch in vielen Sprichwörtern und Geschichten und es heißt in einem schönen Spruch: „Wo die Schwalbe nistet am Haus, zieht der Segen niemals aus."

Vor über 30 Jahren gab es der Schwalbe zuliebe eine riesige Artenschutzaktion.

Im Herbst 1974 wurden viele Mehl- und Rauchschwalben von einem plötzlichen Wintereinbruch überrascht. Der damalige Deutsche Bund für Vogelschutz organisierte mit anderen Vogelfreunden einen beispiellosen Transport von mehr als einer Million Vögeln.

Mit Autos, der Eisenbahn und vor allem mit Flugzeugen wurden die Schwalben in den Süden „ausgeflogen".

Größe	bis 25 cm
Gewicht	ca. 30 g
Vorkommen	Europa, Asien, Amerika, Nordafrika
Farbe	blauschwarz, weiß
Besonderheiten	bedrohte Vogelart

SCHWALBEN-SCHWANZ

Schwalbenschwanz nennt man nicht nur den Schwanz einer Schwalbe, sondern auch einen Schmetterling. Er gehört zu den schönsten europäischen Tagfaltern. Sein segelnder Flug ist toll anzusehen. Den Schwalbenschwanz findest du auf Wiesen mit vielen Blüten und in Gärten.

Zur Paarungszeit treffen sich viele Männchen und Weibchen zum Balzflug. Die Weibchen legen nach der Befruchtung im Mai oder Juni sehr weite Entfernungen zurück, um geeignete Pflanzen für ihre Eiablage zu finden. Die Weibchen der Sommergeneration, die im Juli und August ihre Eier ablegen, nutzen gern Dill oder Fenchel aus dem Gemüsegarten zur Eiablage.

Bis zu 150 Eier hat das Weibchen zu verteilen. Aus den Eiern entwickeln sich grüne Raupen mit schwarzen, oft rot gepunkteten Querstreifen. Den kalten Winter verbringt der Schwalbenschwanz als Puppe. Im Frühjahr schlüpft er innerhalb weniger Sekunden aus seiner Hülle und fliegt als fertiger Schmetterling davon.

Größe	bis 7,5 cm
Gewicht	ca. 1–2 g
Vorkommen	Europa
Farbe	schwarz-gelb
Besonderheiten	größter und auffälligster Schmetterling bei uns

SCHWAN

Schwäne kennst du natürlich; vielleicht hast du sogar schon welche mit altem Brot gefüttert? Das Gefieder eines Schwanes ist weiß oder manchmal auch schwarz-weiß. Es gibt aber auch ganz schwarze Schwäne; die besitzen dann einen roten Schnabel und heißen Trauerschwäne.

Schwäne haben einen ziemlich langen Hals, den sie zur Nahrungssuche, dem Gründeln, brauchen. Sie tauchen nicht ganz unter Wasser, sondern kippen einfach nach vorne über. Kopf und Hals sind dann unter Wasser. Mit dem Schnabel suchen sie auf dem Grund des Gewässers nach Nahrung.

Der Hals ist zwar lang, aber die Beine sind kurz. Daher sieht ein Schwan an Land lustig und plump aus. Aber die Schwäne haben eine sehr kräftige Flugmuskulatur. Damit können sie mehr als tausend Kilometer zu ihren Brutgebieten zurücklegen.

Die jungen Schwäne werden von beiden Eltern aufgezogen und bleiben bis zu einem Jahr mit ihnen zusammen.

Während der Brutzeit solltest du dich vor Schwänen übrigens bessser in Acht nehmen, denn dann sind sie Menschen gegenüber sehr aggressiv.

Größe	bis 150 cm
Gewicht	bis 15 kg
Vorkommen	Europa, Asien, Amerika
Farbe	weiß, schwarz
Besonderheiten	kommt in Märchen wie „Das hässliche Entlein“ vor

SCHWEINSWAL

Seinen merkwürdigen Namen hat der freundlich schauende Meeresbewohner vermutlich dem alten Griechen Aristoteles zu verdanken. Dieser untersuchte die inneren Organe eines toten Schweinswals und meinte, sie sähen wie die eines Schweins aus. Er gab dem kleinen Wal dann den Namen „Meeresschwein“.

Die Miniwale sind fast in allen europäischen Küstengewässern zu Hause, auch an der Nordsee kannst du sie beobachten. 1988 machten zwei vorwitzige Schweinswale sogar einen Ausflug in das Hamburger Hafenbecken.

Schweinswale jagen fast nur Fische. Da sie oft im trüben Wasser auf die Beutesuche gehen müssen, verfügen sie über ein Ultraschallsystem, mit dem sie Fische auch orten können, wenn sie nichts sehen! Sie kommen nur zum Atmen an die Wasseroberfläche. Die längste Tauchzeit liegt bei etwa sechs Minuten, aber meist bleiben sie nur etwa eine halbe Minute unter Wasser. Sie sind sehr gesellige Tiere und können sich mit einem raffinierten Pfeiftoncode unterhalten.

Jedes Jahr zwischen Mai und Juni werden die jungen Schweinswale geboren. Direkt nach der Geburt schwimmen sie mit ihrer Mutter zur Wasseroberfläche, um Luft zu holen.

Größe	bis 2 m
Gewicht	bis 80 kg
Vorkommen	Europa
Farbe	rotbraun, grau oder grünlich
Besonderheiten	steht unter Naturschutz

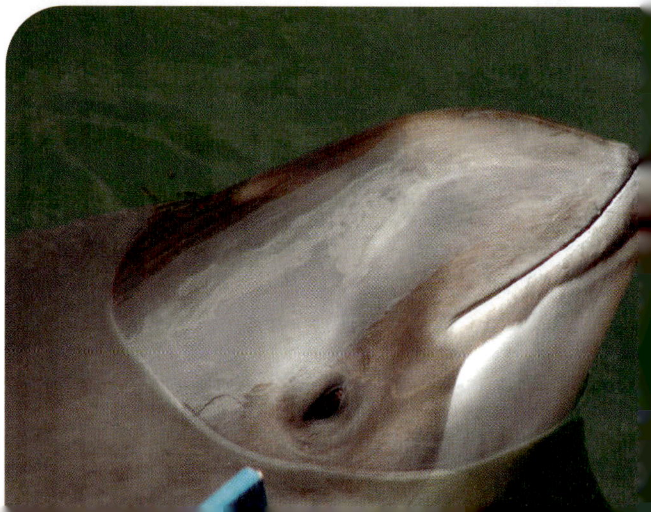

SEEADLER

Seeadler sind wahre Rennflieger der Lüfte. Im Segelflug fliegen sie weite Strecken und eine Geschwindigkeit von 60 Kilometern in der Stunde ist für sie kein Problem. Sie können eine Flügelspannweite von bis zu 2,50 Metern erreichen.

Sie haben fantastische Augen und erkennen ihre Beute ganz ohne Fernglas aus weiter Entfernung. Mit ihrem gelben Hakenschnabel greifen sie zu, sobald sie einen Fisch, einen Vogel, eine Maus oder auch einen Hasen gesichtet und sich daraufgestürzt haben.

Die Seeadler haben einen festen Partner und bauen ihre Nester, die Horste genannt werden, in hohen Baumkronen. Männchen und Weibchen bauen den Horst, der einen Durchmesser von beinahe zwei Metern haben kann, gemeinsam. Sie benutzen ihn oft über viele Jahre zur Brut. Das Weibchen legt bis zu drei Eier und nach 35 bis 40 Tagen schlüpfen die Jungen aus.

Den relativ hohen, etwas heiseren Ruf des Seeadlers kannst du vor allem morgens und spät am Abend vernehmen.

Größe	bis 95 cm
Gewicht	bis 7,5 kg
Vorkommen	Europa
Farbe	grau-braun
Besonderheiten	erkennt aus 2 km Höhe eine Maus

SEEHUND

Seehunde sausen wie kleine U-Boote durchs Wasser, denn sie sind hervorragende Schwimmer. Sie können bis zu 200 Meter tief tauchen und 30 Minuten lang unter Wasser bleiben. Aber meist dauert so ein Seehundtauchgang nur etwa drei Minuten. Der Blutkreislauf des Seehundes wird dabei so gesteuert, dass das Blut nur die allerwichtigsten Organe versorgt. An der Nordseeküste kannst du häufig Seehunde beobachten.

Die Seehunde gehen bei Flut in den Strömungen des Meers auf die Jagd. Die Tastborsten an den Mäulern und an den Augenbrauen helfen ihnen, die Beute aufzuspüren.

Bei ausgewachsenen Seehunden steht nur Fisch auf der Speisekarte. Heringe, Sardinen, Dorsche, Lachse und Plattfische sind eine willkommene Mahlzeit. Die jungen Seehunde ernähren sich aber auch von anderen kleinen Meeresbewohnern wie Krebsen.

Seehunde paaren sich unter Wasser. Die Jungen werden elf Monate später geboren und wiegen etwa zehn Kilogramm. Sie kommen auf Sandbänken zur Welt und können sofort nach der Geburt schwimmen.

Größe	Männchen etwa 170 cm, Weibchen etwa 140 cm
Gewicht	100–150 kg
Vorkommen	Europa
Farbe	dunkelgrau mit schwarzen Flecken
Besonderheiten	Familie der Hundsrobben

SEEIGEL

Größe	10–20 cm
Gewicht	100–200 g
Vorkommen	weltweit
Farbe	schwarz, braun, weißlich, rot
Besonderheiten	Stacheln können bis zu 30 cm lang werden

Seeigel sind meist kugelförmige Tiere mit Stacheln. Einige der Seeigel sind aber auch flach oder eiförmig. In Korallenriffen im Meer wohnen die Seeigel in großer Zahl und ernähren sich dort von Algen. Es gibt insgesamt etwa 900 verschiedene Seeigelarten.

Die Stacheln der Seeigel sind teilweise beweglich, denn sie sitzen auf kleinen Gelenkhöckern. Die Größe der Stacheln kann je nach Seeigelart ganz unterschiedlich sein. Aber eine ganz wichtige Funktion der Stacheln ist der Schutz vor Räubern, wie Seesternen oder großen Fischen. Einige Seeigel können sogar beim Stechen Gift mit den Stacheln abgeben. Seeigel, die am Meeresboden leben, benutzen die Stacheln auch, um sich fortzubewegen.

Seeigel haben eine merkwürdige Art, sich fortzupflanzen. Aber wer so stachelig ist, berührt sich vielleicht lieber nicht. Viele Seeigel treffen sich nämlich an einem Ort und geben alle gleichzeitig Ei- und Samenzellen ins Wasser ab. Je mehr im Wasser schwimmt, desto größer ist die Wahrscheinlichkeit, dass es mit der Befruchtung klappt.

SEEPOCKE

Seepocken sehen auf den ersten Blick gar nicht aus wie Tiere, aber sie sind welche! Du kannst nur einen kleinen weißen Kegel sehen, der sich partout nicht von der Stelle rührt. Ihre Arme, Beine und die Scheren sind zu Rankenfüßen umgebildet. Mit diesen fächerartigen Rankenfüßen fangen sie Nahrung und filtern Schwebstoffe und Plankton aus dem Meerwasser.

Mit ihrem Kopf sitzen die Seepocken fest auf dem Untergrund, den sie sich als Behausung gewählt haben. Das kann ein Schneckengehäuse, ein Stein, ein Fels oder ein Holzpfosten sein. Die Einzigen, die sich bewegen, sind die Seepockenlarven. Sie schwimmen durchs Wasser, bevor sie sich irgendwo ansiedeln. Am liebsten dort, wo schon Artgenossen leben.

Zur Fortpflanzung dürfen diese nämlich nicht zu weit weg sein. Damit die Vermehrung auf jeden Fall klappt, sind Seepocken Zwitter. Nachbarpocken müssen also nicht auf den passenden Partner warten, sondern sie übernehmen kurzerhand die Rolle des fehlenden Geschlechts.

Zu den Feinden der Seepocke zählen unter anderem Krebse, Seeigel und Schnecken.

Größe	bis 1,5 cm
Gewicht	ca. 1–2 g
Vorkommen	weltweit an den Küsten
Farbe	weiß, grau
Besonderheiten	zählt zu den Krebsen

SEESTERN

Der Gewöhnliche Seestern, der in der Nordsee lebt, hat fünf Arme und du kannst ihn manchmal am Strand finden. Der Seestern gehört zu den Stachelhäutern und ist mit dem Seeigel verwandt.

Er ernährt sich von Schnecken, Krebsen und Krabben. Am liebsten frisst der Seestern aber Muscheln. Er hält sie mit den Saugfüßchen seiner Arme fest und zieht die Muschel auseinander. Das kann eine ganze Zeit dauern, nämlich so lange, bis die Muschel keine Kraft mehr in ihrem Muskel hat, um die Schalen zusammenzuhalten.

Dann stülpt der Seestern seinen ausstülpbaren Magen über die Muschel und saugt sie aus. Um das zu erleichtern, ist die Mundöffnung, die sich mittig auf der Unterseite des Körpers befindet, direkt mit dem Magen verbunden.

Die Fortpflanzung der Seesterne funktioniert so: Die Weibchen geben ihre Eier in das Wasser ab, in dem die Spermien der Männchen schwimmen. Aus den befruchteten Eiern entwickeln sich Larven, die sich dann in Seesterne umwandeln.

Größe	bis 30 cm
Gewicht	bis 300 g
Vorkommen	Europa
Farbe	blau, rötlich, gelb, braun
Besonderheiten	wird bis zu 7 Jahre alt

SIEBENSCHLÄFER

Die Siebenschläfer sehen ein wenig wie Mäuse aus. Sie haben einen spitzen Kopf, einen puscheligen Schwanz und große schwarze Augen. Mit ihrem Tasthaarschnurrbart finden sich die nachtaktiven Tiere gut in der Dunkelheit zurecht.

Der Siebenschläfer haust in Laubwäldern, aber manchmal zieht er auch in eine Scheune oder auf einen Dachboden. Er ernährt sich von Früchten, Samen, Nüssen, Schnecken, Insekten, Vogeleiern, Bucheckern und Eicheln.

Der Siebenschläfer ist auch ein toller Kletterer. Er hat lange und gelenkige Kletterzehen und außerdem Haftballen. Damit klebt er sich richtig fest und kann beim Klettern nicht herunterfallen.

Der Siebenschläfer macht einen sehr langen Winterschlaf. Er frisst sich bis zum Herbst ein dickes Fettpolster an und liegt dann sieben Monate zusammengerollt in seiner Schlafhöhle. Bei diesem langen Schlaf verliert er die Hälfte seines Gewichtes.

Größe	bis 20 cm
Gewicht	ca. 120 g
Vorkommen	Europa
Farbe	grau
Besonderheiten	wird bis zu 7 Jahre alt

SILBERMÖVE

Wenn du schon an der Nordsee warst, dann kennst du auch diese Großmöwe. Sie hat einen kräftigen, gelben Schnabel, gelbe Raubvogelaugen und rosa Füße.

Im Sommer ernähren sich viele dieser Vögel auf See von Fischabfällen. Sie umkreisen schreiend die Fischkutter und warten auf das, was für sie abfällt. Außerdem fressen sie Krabben und Muscheln oder auch deine Kekse, wenn du nicht aufpasst. Als Winterquartier nutzen viele Silbermöwen sogar Müllkippen.

Silbermöwen brüten in riesigen Kolonien in den Küstendünen. Die Partner erkennen sich am Ruf wieder. Selbst in einem Durcheinander und Gekreische von 10.000 oder mehr Brutpaaren finden sie sich wieder. Das Weibchen legt dann zwei oder drei Eier in das Nest, die von beiden Eltern ausgebrütet werden. Nach etwa einem Monat schlüpfen die Jungen aus.

Größe	bis 60 cm
Gewicht	ca. 1,5 kg
Vorkommen	Europa
Farbe	silbergrau, weiß
Besonderheiten	Flügelspannweite bis 1,50 m

SPERBER

Wenn du aus einem Gebüsch plötzliches Flattern und Kreischen von kleinen Vögeln hörst, dann kann es sein, dass hier gerade ein Sperber zugeschlagen hat. Der Sperber gehört zur Familie der Habichte, ist ein Greifvogel und jagt am liebsten kleine Vögel. Hat der Sperber mit seiner rasanten Jagd schließlich Erfolg gehabt, beginnt er sofort damit, seine Beute zu rupfen.

Sperber fliegen mit raschen, kurzen Flügelschlägen und kleineren Gleitphasen im Suchflug über den Boden. Sie verstecken sich in Hecken, Zäunen und Büschen, bevor sie ihre Beute mit einem schnellen Angriff überraschen.

Sein Nest baut der Sperber besonders gern in Kiefern, Fichten oder auf Lärchen. Es wird in einer Höhe von etwa sieben Metern ganz nah am Stamm gebaut. Das Weibchen brütet die vier oder fünf Eier allein aus. Die Jungen schlüpfen nach ungefähr fünf Wochen und bleiben dann noch 25 bis 30 Tage im Nest. Vor allem während dieser Zeit droht den Sperbern ständig Gefahr von ihren ärgsten Feinden, den hungrigen Habichten und Käuzen.

Größe	bis 37 cm
Gewicht	bis 300 g
Vorkommen	Europa
Farbe	grauweiß, braun
Besonderheiten	Männchen wiegt nur die Hälfte (ca. 150 g)

SPERLING

Der Sperling wird auch Spatz genannt und ist ein lustiger, kecker kleiner Vogel. Mit seinem „Tschilp, Tschilp" findest du ihn fast überall.

Der Spatz frisst am liebsten Körner. Aber in unseren Städten hat sich der Spatz angepasst und ist ein Allesfresser geworden. Die Jungen füttert er zuerst allerdings fast nur mit Insekten.

Mitte bis Ende April beginnt die Brutsaison der Spatzen. Häufig brüten sie drei- oder viermal in einem Jahr. Meist bauen sie ihr einfaches Nest in Nischen an Häusern oder in Baumhöhlen. Spatzen sind gesellige Vögel, die gern mit mehreren anderen Paaren zusammen brüten. Das ist nicht so langweilig. Nach elf bis 13 Tagen schlüpfen die Jungen aus den Eiern.

Den Ruf des Haussperlings erkennst du leicht: Es ist ein lautes und kräftiges Tschilp.

Größe	bis 16 cm
Gewicht	bis 30 g
Vorkommen	Europa, Asien, Amerika
Farbe	graubraun
Besonderheiten	lebt mit einem Partner zusammen

SPITZMAUS

Die Spitzmäuse sind zusammen mit den Fledermäusen die kleinsten Säugetiere. Sie haben einen schlanken Körper und einen langen Kopf. Die kleine, spitze Schnauze schnüffelt immer neugierig in der Gegend umher und die niedlichen Knopfaugen schauen ziemlich vorwitzig.

Doch Achtung, so niedlich die Maus auch aussieht, sie hat sehr scharfe Zähne und kann damit richtig fest zubeißen. Die Spitzmaus lebt in Wäldern, auf Feldern und Wiesen, aber auch direkt im Gebüsch hinter eurem Haus. Oder sogar im Haus? Vielleicht im Keller?

Du erkennst das an den verräterischen, kleinen Spuren in Form von schwarzen Kotkügelchen. Wenn die Spitzmaus keinen offenen Keller finden kann, geht sie auch gern in den Untergrund und besucht den Maulwurf. Sie gräbt sich selbst einen Bau oder benutzt vorhandene Löcher und Gänge.

Die Spitzmaus bewegt sich rasant schnell. Dabei quiekt und pfeift sie gern laut. Bei Gefahr verbreiten alle Spitzmäuse einen Moschusgeruch, der sie vor ihren Feinden schützt. Die Spitzmäuse werden nur von wenigen Tieren gefressen, da sie derartig stinken, dass sie für ungenießbar gehalten werden.

Spitzmäuse bringen mehrmals im Jahr bis zu zehn nackte und blinde Junge zur Welt. Besonders interessant zu beobachten sind Spitzmauskarawanen, wenn die Jungtiere das Nest verlassen. Sie halten sich mit ihren Zähnen immer am Schwanz des Vordertieres fest.

Größe	bis 15 cm
Gewicht	ca. 30 g
Vorkommen	Europa, Asien, Afrika, Nordamerika
Farbe	grau
Besonderheiten	Herz schlägt 800–1000 Mal in der Minute

STAR

Der Star fühlt sich in hellen Wäldern, die mit Grasflächen gemischt sind, am wohlsten. Aber du findest ihn auch auf Wiesen, Äckern und vielleicht sogar in eurem Garten.

Stare fressen hauptsächlich Insekten und deren Larven, Schnecken, Würmer, saftige Früchte und Beeren. Nach Wurm und Co. suchen die Stare am Boden. Dabei bohren sie den Schnabel in den weichen Untergrund und sperren ihn weit auf. So erweitern sie das Loch und spüren ihre Beute mit der Zunge auf.

Größe	bis 22 cm
Gewicht	ca. 90 g
Vorkommen	Europa, Asien, Nordafrika
Farbe	schwarz, weiß
Besonderheiten	im Frühling wird der Schnabel leuchtend gelb

Das Starenmännchen sucht zur Fortpflanzungszeit eine Nisthöhle. Es beginnt mit der Renovierung der Wohnung und schleppt erst einmal die nötigen Baumaterialien heran. Wenn das Weibchen dann kommt, darf es den eigentlichen Nestbau übernehmen.

Die ersten Eier werden Ende April gelegt. Es sind vier bis sechs hellblaue oder blaugrüne Eier. Bei der Brut lösen sich Männchen und Weibchen ab.

STECHMÜCKE

Es gibt sie seit 170 Millionen Jahren und sie sausen immer noch umher. Du bist wahrscheinlich auch schon in einer schönen Sommernacht wach geworden, weil dir eine Mücke um den Kopf surrte und dich stechen wollte. Morgens hast du dann diese scheußlich juckenden, roten Stiche am Arm, Bein oder sogar mitten im Gesicht.

Mücken sind kleine Insekten. Allein in der Familie der Steckmücken gibt es mehr als 2700 verschiedene Arten. Aber nur die Weibchen saugen Blut, die Männchen ernähren sich von Pflanzensäften.

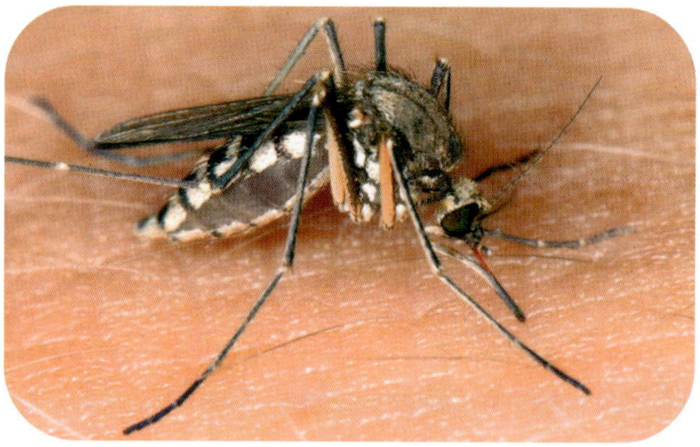

Größe	bis 15 mm
Gewicht	ca. 20 mg
Vorkommen	weltweit
Farbe	schwarz
Besonderheiten	erreicht Geschwindigkeiten von bis zu 2,5 km/h

Die meisten weiblichen Stechmücken haben einen langen Rüssel, um die Haut von Säugetieren zu durchdringen und ihr Blut zu saugen. Die Weibchen benötigen schon zwei bis drei Tage nach dem Schlüpfen eine Blutmahlzeit, damit sich die Eier zur Fortpflanzung entwickeln können. Durch die Ausdünstungen der Haut und die abgestrahlte Wärme finden die Mücken ihre Opfer.

Bevor die Stechmücke dann zu saugen beginnt, spritzt sie durch ihren Rüssel Speichel in ihr Opfer. Dadurch wird die Gerinnung des Blutes verhindert und das Blut kann besser aufgesaugt werden.

STEINADLER

Größe	bis 95 cm
Gewicht	bis 6,5 kg
Vorkommen	Europa, Nordafrika, Asien, Nordamerika
Farbe	braun
Besonderheiten	in Deutschland brüten nur noch etwa 50 Steinadlerpaare

Der „König der Lüfte“, so wird der Steinadler auch genannt, weil er so wunderbar und geradezu königlich fliegt. Du kannst ihn, falls du das Glück hast, einen zu sehen, leicht erkennen.

Er trägt den Kopf im Flug weit nach vorne gereckt und seine Flügel sind v-förmig nach oben gestellt. Die Vögel können hervorragend sehen und sichten ihre Beutetiere auch aus sehr großer Höhe. Dann überraschen sie Maus, Hase und Eichhörnchen mit einem Stoßflug und töten sie in der Luft oder auf dem Boden. Steinadler können sich sogar während des Fluges auf den Rücken drehen und die Beute von unten angreifen. Sie jagen auch größere Tiere bis zu 15 Kilogramm Gewicht und kehren zum Fressen dann an den Jagdplatz zurück.

Steinadlerpaare bleiben ihr ganzes Leben zusammen. Ihre Horste bauen sie auf Felsvorsprüngen und zur Not auch in Bäumen. Sie benutzen sie jahrelang und bessern sie immer wieder aus. Zwischen März und Juni brütet das Weibchen ein bis drei Eier aus. Während dieser Zeit wird es vom Männchen gefüttert. Nach etwa 45 Tagen schlüpfen die Steinadlerjungen aus.

STEINBOCK

Diese Kletterkünstler sind in den Bergen der Alpen zu finden. Dort leben sie über der Baumgrenze in 2500 bis 3500 Metern Höhe, wo sie auf der Futtersuche in steilsten Felsen und auf Geröllhängen herumklettern. Sie fressen morgens und abends, tagsüber ruhen sie sich aus und käuen wieder. Am liebsten verspeist der Steinbock die nährstoffreichen Gräser und Kräuter, die in seinem Lebensraum wachsen.

Aber auch die Knospen und die saftige Rinde von Sträuchern verachtet er nicht. Droht Gefahr, warnen sie sich mit Pfiffen gegenseitig. Im Sommer leben die Männchen und Weibchen in getrennten Rudeln. Zur Paarungszeit im Dezember und Januar gesellen sich die Männchen zu den Weibchen. Streiten sich die Männchen dann um die Weibchen, kommt es zu Kämpfen.

Die Gegner stellen sich auf die Hinterbeine und lassen sich laut krachend mit den Hörnern aufeinander prallen. Nach etwas mehr als fünf Monaten wird der Nachwuchs im Frühjahr geboren. Meist hat ein Weibchen nur ein Junges. Die Steinbock-Mädchen bleiben bei der Mutter im Rudel, die Jungen verlassen die Gruppe.

Größe	bis 1 m
Gewicht	bis 125 kg
Vorkommen	Europa, Asien, Nordafrika
Farbe	braun, grau
Besonderheiten	die Hörner der Männchen wiegen bis zu 15 kg

STIEGLITZ

Die größte Chance, einen Stieglitz zu sehen, hast du im Winter. Denn dann streifen die kleinen Vögel in großen Schwärmen umher. Stieglitze ernähren sich außerhalb der Brutzeit gern von Distelsamen, was ihnen auch den Namen Distelfink eingebracht hat.

Und wo findest du ihn nun? Klar, besonders dort, wo es viele Disteln gibt. Und die wachsen häufig auf Wildwiesen. Der Stieglitz hat einen besonders langen und spitzen Schnabel, um an die Samen der Disteln zu gelangen.

Größe	ca. 12 cm
Gewicht	ca. 20 g
Vorkommen	Europa, Asien
Farbe	schwarz, rot, weiß, gelb
Besonderheiten	Name kommt vom Ruf, der wie „stiegelit" klingt

Zur Brutzeit Ende März besiedelt der Stieglitz gern Obstgärten und naturnahe Gärten. Das Nest wird vom Weibchen in einer hochgelegenen Astgabelung gebaut. Wenn das Weibchen dann die Eier ausbrütet, füttert das Männchen es aus dem Kropf. Die meisten Jungen schlüpfen nach zwölf bis 13 Tagen aus.

STINKWANZE

Größe	ca. 14 mm
Gewicht	bis ca. 50 mg
Vorkommen	Europa
Farbe	grün
Besonderheiten	bei uns die häufigste Baumwanze

Die Stinkwanze kannst du auf Hecken und auf Laubbäumen beobachten. Am liebsten sitzt das grüne, breitschultrige Insekt auf Linden, Erlen, Disteln und Brennnesseln. Mit seinem spitzen Stechrüssel sticht es in Pflanzen oder Beeren und saugt ihren Saft.

Der Gestank der Stinkwanze ist ihre Waffe. Aus ihren Stinkdrüsen kann sie ihre Feinde gezielt besprühen und damit vertreiben.

Im Frühsommer paaren sich die Stinkwanzen und das Weibchen legt bis zu 100 Eier ab. Die Eier werden dabei an der Unterseite von Blättern befestigt. Die Larven machen fünf verschiedene Entwicklungsstadien durch, während sie ständig ihre Farben ändern. Im frühen Herbst sind sie dann fertige Stinkwanzen.

Wenn du einer Stinkwanze zu nahe kommst, wird sie auch dich mit ihrem stinkenden Sekret vertreiben wollen.

STOCKENTE

Die Stockenten sind unsere bekanntesten Enten und du kannst sie auf fast allen Teichen und Seen finden. Sie sind die wilden Vorfahren unserer Hausenten. Paaren sie sich mit Hausenten, kommen dabei Stockenten heraus, die ein fast weißes Gefieder haben.

Stockenten sind sehr gesellige Tiere, die immer in größeren Gruppen zusammenleben. Stockenten können etwa einen Meter tief tauchen und suchen ihre Nahrung beim Gründeln auf dem Boden der Gewässer, in denen sie leben.

Zur Brutzeit suchen sie sich einen Partner, aber nur für kurze Zeit. Die Männchen zeigen sich nur vor der Paarung von ihrer guten Seite. Sie schwimmen um die Weibchen herum und nicken dabei nett mit dem Kopf. Sobald das Weibchen die Eier gelegt hat, machen sich die Männchen wieder davon. Die Küken darf die Entendame dann allein großziehen. Im Frühling legt das Weibchen sieben bis elf braungrüne Eier und brütet sie 25 bis 30 Tage lang aus.

Größe	bis 58 cm
Gewicht	bis 1,5 kg
Vorkommen	Europa, Asien, Amerika
Farbe	grau, braun, grün
Besonderheiten	hat etwa 10.000 Federn

STORCH

Er wird auch oft Adebar genannt und angeblich soll er ja die Kinder bringen. Aber ob wir das glauben sollen? Eine schöne Geschichte, die aber nicht stimmt, obwohl ein Bündel mit einem Baby im Storchenschnabel nett anzusehen wäre.

Störche sind also keine Nachwuchslieferanten, auch wenn sie in der Nähe des Menschen leben. Ein Storchennest auf einem Schornstein oder einem Dachgiebel kannst du vor allem in Norddeutschland noch sehen. Denn Störche brauchen zum Leben feuchte Wiesen, Teiche oder Sümpfe. Der Storch ist ein Schreitvogel, der mit seinen roten Beinen auf Wiesen herumstakst und nach Futter sucht.

Storchenpaare bleiben oft lange zusammen und begrüßen sich nach der Rückkehr aus ihrem Winterquartier mit lautem Schnabelgeklapper. Nach der Paarung im April legt das Weibchen drei bis fünf weiße Eier. Nach etwa 30 Tagen schlüpfen die Jungen.

Größe	ca. 1,10 m
Gewicht	bis 4,5 kg
Vorkommen	Europa, Afrika
Farbe	schwarz, weiß
Besonderheiten	Zugvogel, überwintert in Afrika

GLIEDERUNG DER TIERARTEN

Die Welt der Tiere wird in zwei große Gruppen unterteilt: in die der Wirbeltiere und in die der wirbellosen Tiere.

Fast alle größeren und bekannten Tiere der Erde sind Wirbeltiere. Wirbeltiere sind Tiere, die eine Wirbelsäule haben. Zu ihnen gehören viele der schnellsten und am höchsten entwickelten Lebewesen an Land, im Wasser und in der Luft: nämlich Säugetiere, Vögel, Reptilien, Amphibien und Fische.

1 Die Säugetiere unterscheiden sich durch eine Besonderheit von allen anderen Tierarten:

Die Jungen wachsen im Körper der Mutter heran und kommen lebend zur Welt. Zu den Säugetieren gehören zum Beispiel Meerschweinchen, Hasen, Pferde, Tiger, Affen und natürlich auch der Mensch.

2 Auch die Vögel sind ganz leicht zu erkennen: Sie haben alle Federn. Diese Federn waren früher einmal die Schuppen der Kriechtiere und haben sich im Laufe unserer Erdgeschichte zu Federn umgewandelt. Denn die Vögel stammen von den Reptilien ab. Die meisten Vögel können fliegen. Es gibt aber auch Ausnahmen wie den Pinguin.

3 Bei den Reptilien ist die Haut durch dicke Hornschuppen geschützt. Einige besitzen sogar einen richtig dicken Panzer. Reptilien sind

wechselwarme Tiere, das heißt, ihre Körpertemperatur hängt von der Temperatur ihrer Umgebung ab. Ist es kalt, sind sie langsam und träge, sobald es warm wird, werden sie munter und bewegen sich. Reptilien, zu denen Schildkröten und Schlangen gehören, entwickeln sich aus Eiern, die an Land abgelegt werden.

4 Amphibien sind ebenfalls wechselwarme Tiere, denn auch ihre Körpertemperatur hängt von der Temperatur ihrer Umgebung ab. Im Gegensatz zu den Reptilien müssen die Amphibien ihre Eier aber im Wasser ablegen, wo sich dann auch die Jungen entwickeln. Zu den Amphibien gehören Salamander, Frösche und Kröten.

5 Fische erkennst du natürlich daran, dass sie schwimmen können und im Wasser leben, denn sie können unter Wasser atmen. Mit ihren Kiemen entziehen sie dem Wasser den darin gelösten Sauerstoff. Es gibt aber auch Säugetiere, die im Wasser leben, etwa Wale oder Delfine. Diese Tiere haben keine Kiemen, sondern müssen zum Atmen auftauchen.

Obwohl dir die Wirbeltiere viel bekannter sein werden als die wirbellosen Tiere, sind sie auf der Erde tatsächlich in der Minderheit. Der größte Teil der Tierwelt besteht nämlich aus den wirbellosen Tieren. Zur dieser großen Gruppe gehören beispielsweise Quallen, Spinnen, Krebse, Insekten, Schnecken, Muscheln und Würmer.

STRAND-SCHNECKE

Besonders häufig kannst du die Strandschnecken an Muschelbänken, Buhnen und Molen finden. An diesen begehrten Plätzchen stapeln sich dann teilweise 200 bis 300 Schnecken auf nur einem Quadratmeter. Auch an Steinen oder Pfählen in der Nähe der Wasserlinie kriechen die Tiere hinauf.

Die Strandschnecke hat eine ganz eigene Fortbewegungstechnik entwickelt. Sie scheidet am Vorderkörper ein Schleimband aus, auf dem sie sich kriechend fortbewegt. Die Spuren dieser Schleimbandmethode sind gut am Strand zu erkennen. Die Strandschnecke ernährt sich von kleinsten Teilchen, die sie auf dem Boden findet, und auch von Algen.

Ihre Eier legt die Strandschnecke ins Meer. Dort bleiben die Larven so lange, bis sie sich fertig entwickelt haben. Erst dann machen sie sich zu ihrem ersten Landgang auf.

Übrigens: Strandschnecken können sehr lange Trockenphasen gut überstehen.

Größe	bis 2 cm
Gewicht	ca. 1 g
Vorkommen	Europa
Farbe	braun, beige, grau
Besonderheiten	unempfindlich gegenüber Hitze und Frost

TAGPFAUEN-AUGE

Größe	ca. 5 cm
Gewicht	bis ca. 200 mg
Vorkommen	Europa, Asien
Farbe	rotbraun, schwarz, blau
Besonderheiten	überwintert in Baumhöhlen und Häusern

Das Tagpfauenauge gehört zu den Edelfaltern und ist einer unserer schönsten und buntesten Schmetterlinge. Die Flügel sind rotbraun und auf jedem ist ein großer, meist schwarz und blau gefärbter Augenfleck zu sehen. Die Unterseite der Flügel ist dunkel und schwarz gestreift.

Die Weibchen legen im Mai etwa 200 Eier in kleineren Portionen auf Brennnesseln und manchmal auch auf Hopfen ab. Nach zwei bis drei Wochen schlüpfen daraus grünliche, kleine Raupen aus, die sich sofort gierig auf die Blätter der Pflanzen stürzen.

Sie wachsen und verwandeln sich durch mehrere Häutungen in schwarze, borstige Raupen mit weißen Punkten. Ist die Raupe ausgewachsen, verpuppt sie sich. In der Puppe verwandelt sie sich in etwa zwei Wochen zu einem schönen Schmetterling, der nach dem Ausschlüpfen zu seinem ersten Flug startet.

TAUSENDFÜSSER

Größe	bis 50 cm
Gewicht	bis ca. 200 mg
Vorkommen	weltweit
Farbe	unterschiedlich, bunt
Besonderheiten	sein Name täuscht

Kein Tausendfüßer bringt es auf 1000 Füße! Der Rekordhalter hat 700 Beine und lebt leider nicht bei uns, sondern im warmen Kalifornien in Amerika. Unsere heimischen Tausendfüßer haben in Wirklichkeit nur etwa 100 Beine.

Sie sind Pflanzenfresser und leben vor allem in der Streuschicht von Laubwäldern. Dort helfen sie bei der Weiterverwertung von altem Laub. Sie sind nicht besonders schnell, kein Wunder bei so vielen Beinpaaren. Stell dir vor, du müsstest diese Beine alle im Takt gleichmäßig bewegen. Von hinten nach vorne verlaufen Wellen durch den Körper und die kurzen Beine schieben den langen Körper so vorwärts.

Bei Gefahr rollen sich Tausendfüßer zu einer Spirale zusammen, um so ihre Beine zu schützen. Zusätzlich scheiden sie giftige Sekrete aus, die Feinde abschrecken. Übrigens: Junge Tausendfüßer schlüpfen häufig sechsbeinig aus dem Ei, aber bei jeder Häutung kommen neue Beine hinzu.

TEICHMOLCH

Teichmolche leben im Sommer in Tümpeln, Teichen oder kleinen Bächen. Sie lieben Gewässer mit vielen Wasserpflanzen und genügend Sonnenlicht. Im Herbst verlassen sie ihr Zuhause und verkriechen sich den Winter über unter Steinen, Laubhaufen oder in der Erde. Sobald sie im Frühjahr zurückkehren, „verkleiden" sie sich und die Männchen sehen dann aus wie Miniaturdrachen. Ein gewellter Kamm verläuft über ihren ganzen Rücken bis zum Schwanzende. Der Bauch färbt sich knallorange.

Aber von dem tollen Aussehen allein lässt sich so ein Molchweibchen überhaupt nicht

Größe	bis 11 cm
Gewicht	ca. 2,5 g
Vorkommen	Europa, Asien
Farbe	braun, grau, gelb
Besonderheiten	verfällt in eine Winterstarre

beeindrucken. Das Männchen muss erst ganz bestimmte Duftstoffe freisetzen. Ist das Weibchen schließlich zur Paarung bereit, gibt es dem Männchen ein Zeichen. Das Männchen setzt daraufhin seine Spermien ins Wasser ab und das Weibchen nimmt sie auf.

Über mehrere Wochen legt das Weibchen dann bis zu 300 Eier an Wasserpflanzen ab. Es faltet aus den Blättern kleine Taschen in denen sich die Larven in etwa vier Wochen entwickeln können. Nach einigen Monaten ist aus der Larve ein richtiger Molch geworden.

TURMFALKE

Der Turmfalke trägt seinen Namen zu Recht, denn er lebt gern in Kirchtürmen und anderen hohen Gebäuden. Im Notfall zieht er zum Brüten sogar in den Blumenkasten eines Balkons im achten Stockwerk oder auf einen besonders großen Baum in einem Park.

Turmfalken sind richtige Städter. Aber wo jagen sie dann die leckeren Mäuse? Ihre Lieblingsspeise saust ja nicht in der Fußgängerzone herum. Die Falken haben das Problem prima gelöst: Sie jagen auf dem Land und wohnen in der Stadt.

Bestimmt hast du sie schon in ihrem typischen Rüttelflug gesehen. Auf der Stelle rüttelnd spähen sie nach Beute und lassen sich wie ein Stein vom Himmel plumpsen, sobald sie eine Maus, einen Maulwurf, einen kleinen Vogel oder aber auch eine unachtsame Eidechse entdeckt haben. Die Beute wird mit einem Biss des scharfen Schnabels getötet und verspeist.

Größe	bis 36 cm
Gewicht	ca. 200 g
Vorkommen	Europa
Farbe	rotbraun, blauer Bart
Besonderheiten	kann seinen Kopf um 180 Grad drehen

UFERLÄUFER

Der Uferläufer wird auch Glänzender Uferkäfer oder Raschkäfer genannt und ist bei uns weit verbreitet. Er hat stark hervorquellende Augen und grüne oder blaue Flecken auf den Flügeln.

Du kannst ihn von Frühling bis Herbst in feuchten Gebieten und an fast jedem Gewässer finden, also vor allem an Ufern von Seen, Tümpeln, Teichen und Bächen. Je feuchter es ist, desto wohler fühlt er sich. Meist lebt er auf Schlamm oder aber auch am Fuße der Pflanzen, die am Ufer der Gewässer wachsen.

Er ernährt sich von den Larven verschiedenster Insekten. Den Winter übersteht er, indem er sich im Boden vergräbt. Sobald es wärmer wird und der Boden auftaut, kommt er wieder hervor und macht sich erneut ans Werk.

Größe	bis 1 cm
Gewicht	bis ca. 300 mg
Vorkommen	Europa
Farbe	braun
Besonderheiten	zählt zu den Laufkäfern

Der Uferläufer hat sich farblich perfekt an seine Umgebung angepasst. Daher ist er schwer zu entdecken.

UHU

Der Uhu ist die größte Eule der Welt und fliegt nachts umher. Damit er seine Umwelt immer richtig im Blick hat, kann er seinen Kopf um bis zu 270 Grad drehen.

Er ist ein anpassungsfähiger Vogel und wohnt im Gebirge, in Steppen, Wäldern und sogar in der Wüste. Die Hauptsache ist, er findet genügend Nahrung und tagsüber ein passendes Versteck.

Am Abend geht der Uhu auf die Jagd. Mit seinen tollen Nachtsichtaugen, die auch kleinste Lichtmengen verstärken, sieht er fast alles. Er sitzt ganz ruhig auf einem Ast und lauert. Hat er dann seine Beute entdeckt, gleitet er blitzartig auf sie zu und packt sie mit seinen Greiffüßen, die so groß sind wie eine Hand. Am liebsten frisst er Mäuse, Hasen und Tauben.

Im Frühling legt das Uhuweibchen zwei bis fünf Eier in eine Felsnische, Erdmulde oder in eine Baumwurzel. Während es die Eier dann allein ausbrütet, wird es vom Männchen gefüttert. Nach fünf Wochen schlüpfen schließlich die Jungen aus.

Größe	bis 70 cm
Gewicht	bis 3,5 kg
Vorkommen	Europa, Asien, Afrika
Farbe	braun, grau, weiß
Besonderheiten	hat orange Augen

WASSERLÄUFER

Wasserläufer können fliegen und besiedeln auch sehr schnell neu angelegte Teiche. Im Frühjahr gehören sie zu den ersten Insekten, die du in der Natur antriffst.

Auf dem Wasser sind die Wasserläufer sehr flink und springen sogar einige Zentimeter weit vorwärts. Die langen Beine liegen dabei auf dem Wasser auf und der Wasserläufer wird nur vom Wasser getragen. Zum Schutz halten sie sich bei Regen am Teichrand auf.

Wasserläufer fressen kleine Insekten, die ins Wasser gefallen sind, Larven und sogar kranke Artgenossen.

Im Frühjahr paaren sie sich auf dem Wasser. Dabei legt sich das Männchen auf das Weibchen. Das Weibchen befestigt seine Eier an Pflanzen knapp unter der Wasseroberfläche.

Während der kalten Jahreszeit überwintern die ausgewachsenen Tiere in Laubhaufen und anderen Verstecken.

Größe	bis 2 cm
Gewicht	ca. 100–200 mg
Vorkommen	Europa
Farbe	braun, schwarz
Besonderheiten	hat Facettenaugen

WEGSCHNECKE

Größe	bis 15 cm
Gewicht	bis ca. 6 g
Vorkommen	Europa
Farbe	braun
Besonderheiten	Futter für Igel und Eidechsen

Wegschnecken hast du bestimmt schon herumkriechen sehen. Sie kommen sehr häufig vor und die Gartenbesitzer sind nicht besonders erfreut, sie zu sehen. Sie fressen nämlich den Salat auf, der eigentlich für den Magen des Gartenbesitzers bestimmt ist.

Wegschnecken schützen sich vor dem Austrocknen mit ihrem Schleim, den sie selbst produzieren. Sie kriechen nur nachts oder bei Regenwetter aus ihren Verstecken. Außer Salat fressen sie auch andere saftige Pflanzen, Aas und manchmal auch tote Artgenossen auf.

Wegschnecken sind Zwitter und können sich immer gegenseitig begatten. Wenn zwei Schnecken sich treffen und Lust auf Nachwuchs haben, verschlingen sie sich ineinander und tauschen ein schleimiges Samenpaket aus. Einige Tage später legt jede Schnecke bis zu 400 Eier ab. Die Jungtiere schlüpfen nach einigen Wochen. Zu ihren Feinden zählen Igel, Frösche und Eidechsen.

WEINBERG-SCHNECKE

Die Weinbergschnecke ist eine Landschnecke, die ihren ganzen Hausstand im Schneckenhaus mit sich herumträgt. Sie steht bei uns unter Naturschutz und kann in Gefangenschaft ein Alter von 20 Jahren erreichen.

Sie bewegt sich mit der Kriechsohle ihres Fußes fort und zieht dabei eine feuchte Schleimspur hinter sich her. Sie hat vier Fühler am Kopf, die sie neugierig und tastend ausstreckt. Stoßen die Fühler auf ein Hindernis, werden sie schnell eingezogen. Am Ende der zwei großen Fühler sitzen die Augen. Droht der Schnecke Gefahr, zieht sie sich in ihr Schneckenhaus zurück.

Den Winter verbringt die Weinbergschnecke in einer Kältestarre. Vorher futtert sie, was das Zeug hält, und vergräbt sich dann in der Erde. Dort zieht sie sich in ihr Haus zurück und macht einfach die Tür hinter sich zu. Die Gehäuse-

öffnung wird mit einem Kalkdeckel verschlossen, der beim Ausschlüpfen im Frühjahr einfach wieder geöffnet wird.

Größe	bis 10 cm
Gewicht	ca. 30 g
Vorkommen	Europa
Farbe	braun
Besonderheiten	Speiseschnecke

WELS

Der Wels ist einer unserer größten Süßwasserfische. Er liebt warme und ruhige Seen und Teiche, an deren Grund er sich tagsüber versteckt. Der Wels hat keine Schuppen, aber dafür einen schönen Schnurrbart an seinem breiten Maul, der aus sechs Bartfäden besteht.

Der Wels ist sehr gefräßig und vertilgt alles, was er bekommen kann. Fische, Bisamratten, Enten, Frösche und Krebse futtert der nachtaktive Räuber wild durcheinander. Aber auch Würmer, Schnecken und Insekten verachtet er nicht.
Die Tiere wachsen sehr schnell und können mit fünf Jahren schon über einen Meter groß sein.

Welse pflanzen sich nur im warmen Wasser fort. Das Männchen gräbt eine flache Mulde, in die das Weibchen dann bis zu 200.000 Eier legt. Das Männchen beschützt den Laich und die geschlüpfte Brut. Trotzdem gibt es nicht besonders viele Welse.

Größe	bis 3 m
Gewicht	bis 150 kg
Vorkommen	Europa
Farbe	grau
Besonderheiten	steht auf der Roten Liste der gefährdeten Arten

WESPE

Wespen können ausgesprochen lästig, aufdringlich und manchmal auch aggressiv sein. Vor allem, wenn sie im Sommer Orangensaft, Eiscreme und Grillfleisch umsausen. Bei uns gibt es über hundert verschiedene Arten von Wespen, von denen aber nur die Deutsche Wespe und die Gemeine Wespe über unser Essen herfällt.

Die Wespen leben genau wie die Bienen in großen Völkern zusammen. Ab Mai steht bei den Wespen der Nestbau auf dem Plan. Sie sind tolle Baumeister! Ein Wespennest ist eine ständig wachsende Anlage aus zerkauten Holz- oder Pflanzenfasern, die zur besseren Haltbarkeit mit Speichel vermischt werden.

Dabei sind die Aufgaben in dem gut organisierten Wespenstaat genau verteilt. Es gibt Wächterinnen, Arbeiterinnen und die Spezialeinheit für die Fütterung der kleinen Larven. Im Spätsommer werden auch männliche Wespen aufgezogen, die aber nur so lange leben, bis sie sich mit der Königin gepaart haben.

Wespen stechen nur im Notfall. Also Ruhe bewahren und nicht nach ihnen schlagen.

Größe	bis 2 cm
Gewicht	80–200 mg
Vorkommen	Europa, Amerika, Asien, Australien
Farbe	gelb, schwarz
Besonderheiten	stirbt im Winter

WILDBIENE

Größe	bis 3 cm
Gewicht	100–250 g
Vorkommen	weltweit
Farbe	schwarz, gelb, blau
Besonderheiten	lebt meist allein

Es gibt etwa 30.000 verschiedene Wildbienenarten auf der Erde. Bei uns findest du um die 500 verschiedenen Arten. Wahrscheinlich fällt es dir schwer, sie zu unterscheiden, denn es sind oft nur winzige Merkmale, anhand derer man sie einordnen kann.

Nur an ihren sehr unterschiedlichen Lebensräumen und Gewohnheiten kannst du sie vielleicht erkennen. Es gibt Arten, die auf eine einzige Pflanze angewiesen sind, um existieren zu können. Es gibt Bienen, die allein leben, oder welche, die in großen Völkern zusammenleben.

Bei den Einsiedlerbienen hat das Weibchen als Larve überwintert und kommt im Frühjahr aus ihrer Brutröhre heraus. Da es nur kurze Zeit lebt, sorgt es direkt für Nachkommen. Die Kuckucksbienen dagegen nutzen die Abwesenheit der anderen Bienen und legen heimlich ihre Eier in fremde Nester.

WILDSCHWEIN

Wie wir wissen, rennen die Wildschweine im Wald der Gallier um ihr Leben. Denn der dicke Obelix verspeist ja mindestens fünf Stück am Tag. Wenn die Schweine nicht vor den Bewohnern des gallischen Dorfes flüchten, suchen sie selbst im Wald nach Nahrung.

Dabei durchwühlen sie den Boden nach essbaren Wurzeln, Würmern, Engerlingen, Mäusen, Schnecken und Pilzen.

Bei uns ist der Dezember die Paarungszeit der Wildschweine. Die Weibchen bringen etwa 120 Tage später ihre Jungen zur Welt. Vor der Geburt sucht das Weibchen ein Geburtsnest aus, das in der Sonne liegt, und polstert es mit Gras aus.

Die Weibchen verteidigen ihre Jungen sehr energisch und es hat dabei auch schon Angriffe auf Menschen gegeben, die sich zu nah an das Nest gewagt haben.

Größe	bis 2 m (Körperlänge)
Gewicht	bis 200 kg
Vorkommen	Europa, Asien, Amerika, Australien
Farbe	braun, grau
Besonderheiten	hat ein Gebiss mit 44 Zähnen

Das männliche Wildschwein heißt Keiler, das weibliche Bache und die Jungen heißen Frischlinge.

ZANDER

Größe	bis 1,30m
Gewicht	bis 18 kg
Vorkommen	Europa, Asien
Farbe	graugrün
Besonderheiten	schwer zu fangen

Die meiste Zeit des Tages versteckt sich der Zander am Boden des Sees, in dem er lebt. Morgens und am frühen Abend geht er mit seinen langen, spitzen Fangzähnen nahe der Wasseroberfläche auf die Fischjagd.

Die Laichzeit ist im April und Mai. In dieser Zeit baut das Männchen eine Nestgrube, in die gesäuberte Wurzelstücke kommen. Dahin oder an Wasserpflanzen legt das Weibchen dann seine Eier ab. Die Männchen bewachen die Brut nach dem Schlüpfen sorgfältig und versorgen sie durch Wedeln der Flossen mit Frischwasser.

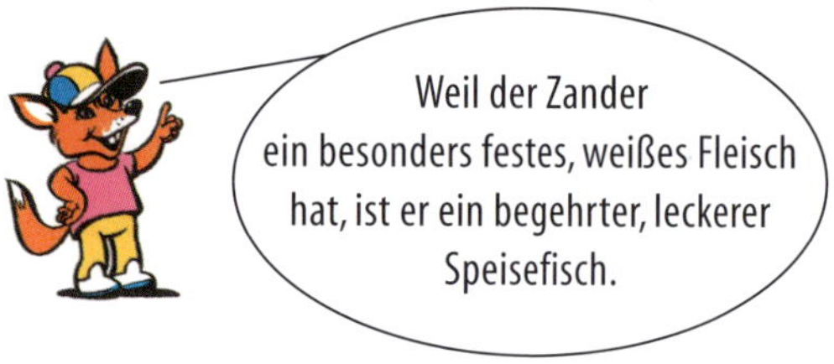

ZAUNEIDECHSE

Größe	bis 27 cm
Gewicht	5–7 g
Vorkommen	Europa, Asien
Farbe	grün, braun
Besonderheiten	trinkt Tau- und Regentropfen

Ende März erscheinen die Zauneidechsen nach ihrer Winterruhe wieder und du kannst sie in Wäldern, Parks und Heiden beobachten. Schön der Reihe nach kommen erst die Jungtiere, dann die Männchen und zum Schluss die Weibchen hervorgekrabbelt. Bei warmem, sonnigem Wetter wird dann morgens erst einmal ein ausgiebiges Sonnenbad genommen.

Ist sie aufgewärmt, begibt sich die Zauneidechse eifrig auf Futtersuche. Heuschrecken, Käfer, Larven, Ameisen und Spinnen sind da sehr willkommen.

Zu ihren Feinden gehören viele Vögel, Säugetiere und andere Reptilien. Zauneidechsen werden von Greifvögeln, Raben, Staren, Amseln, Mardern, Igeln und Schlangen gejagt. Droht große Gefahr, weil ein Feind sie am Schwanz gefasst hat, können sie diesen einfach abwerfen.

Im April beginnt die Paarungszeit. Das Männchen packt die Schwanzmitte des Weibchens und verbeißt sich dann zur Begattung in der Seite des Weibchens. Die Eier werden schließlich im Juni in kleinen Bodenlöchern abgelegt, die das Weibchen vorher gräbt.

ZAUNKÖNIG

Der Zaunkönig ist einer unserer kleinsten Vögel. Mit seinem unscheinbaren Gefieder würde man ihn glatt nicht bemerken, hätte er nicht eine kräftige Stimme, die oft über Hunderte von Metern zu hören ist.

Am wohlsten fühlt sich der Zaunkönig im Unterholz oder in dichtem Gebüsch. Zu seinen Leibspeisen zählen vor allem kleine Insekten und deren Larven, aber auch Spinnen werden von ihm nicht verachtet.

Die Männchen paaren sich oft mit mehreren Weibchen. Um ihnen zu imponieren, baut es für jedes ein kugelförmiges Nest. Diese liegen oft in Bodennähe, zum Beispiel in einem umgestürzten Baum, in einem Mauerloch oder aber auch in Holz- und Reisighaufen.

Im Durchschnitt legt ein Weibchen drei bis fünf rotbraun gesprenkelte Eier, die es in etwa zwei Wochen ausbrütet. Danach sind beide Elternteile zusammen mit der Fütterung der kleinen Zaunkönigkinder beschäftigt, bis diese nach 15 Tagen das Nest verlassen.

Größe	ca. 10 cm
Gewicht	bis ca. 10 g
Vorkommen	Europa, Asien, Nordamerika
Farbe	braun, grau, schwarz
Besonderheiten	singt sehr laut

ZITRONEN-FALTER

Viele unserer Schmetterlinge verbringen die meiste Zeit ihres Lebens als Raupe. Beim Zitronenfalter ist es anders, er ist länger Falter als Raupe. Er schlüpft im Sommer und überwintert als Falter.

Meist sitzt er dann dicht am Boden oder versteckt sich unter Blättern immergrüner Pflanzen. Damit er die Kälte gut übersteht, bildet er ein körpereigenes Frostschutzmittel. Dadurch friert er nicht ein. Außerdem scheidet der Zitronenfalter vor dem Kälteeinbruch all seine Körperflüssigkeit aus, die er nicht unbedingt braucht. So kann er Temperaturen bis zu minus 20 °C überstehen.

Bei den ersten warmen Sonnenstrahlen kommt er hervor und flattert umher. Du kannst ihn dabei auf Wiesen, an Waldrändern und in Parks beobachten. Manchmal sitzt er auch einfach nur zum Aufwärmen mit hochgeklappten Flügeln in der Sonne. Nach der Paarung werden die Eier abgelegt und im Juli haben sich die grünen Raupen schließlich in neue Falter verwandelt.

Größe	bis 5 cm
Gewicht	ca. 1 g
Vorkommen	Europa, Asien, Nordafrika
Farbe	gelb, grünlich
Besonderheiten	wird fast 12 Monate alt

BÄUME UND STRÄUCHER

AHORN

Bestimmt hast du schon einmal einen Ahorn gesehen. Vermutlich war es sogar ein Bergahorn, denn dieser ist bei uns sehr stark verbreitet. Der Bergahorn ist ein prächtiger Baum mit einer großen, runden Krone. Die dicken Hauptäste wachsen nach oben und wenn der Baum noch jung ist, wachsen sie sogar ziemlich schnell. Nach zehn Jahren ist der Baum schon vier Meter hoch.

Die Rinde des Bergahorns ist hellbraun und glatt. Je älter der Baum wird, umso grauer wird die Rinde. Dabei wird sie schuppig und fällt dann auch in großen Stücken ab. Wenn du dir das Blatt eines Bergahorns auf deine Hand legst, merkst du, dass es genau wie deine Hand fünf „Finger“ hat. Die Blätter werden allerdings etwas größer als deine Hand, so ungefähr 20 Zentimeter lang und 15 Zentimeter breit. Auf ihrer Oberseite sind sie grün. Deine Hände hoffentlich nicht!

Du hast bestimmt schon beobachtet, dass die geflügelten Früchte des Baumes wie kleine Hubschrauber durch die Luft sausen. Du kannst sie dir auf die Nase kleben. Das sieht sehr lustig aus. Lässt du sie von oben herabfallen, drehen sie sich etwa 16-mal in einer Sekunde. Wenn du das nachmachst, wird dir furchtbar schwindelig werden.

Größe	bis 30 m
Vorkommen	Europa
Blütezeit	April bis Mai
Blatt	5-lappig
Familie	Ahorngewächse

BIRKE

Die Hängebirke hat einen eleganten weißen Stamm, solange der Baum noch jung ist. Wird der Baum älter, bekommt der Stamm Risse und wird auch dunkler. Die männlichen Blüten der Birke sehen aus wie kleine Regenwürmer, die sich im Fallschirmspringen üben. Die weiblichen Blüten sind kürzer und etwas dicklicher und vielleicht hast du für die Blüten schon einmal den Namen „Kätzchen“ gehört.

Die Blätter der Hängebirke sehen so ähnlich wie Pfeilspitzen aus. Die Zweige sind mit kleinen Korkwarzen besetzt. Das wirkt ein wenig wie Schleifpapier und die Birke hat damit einen tollen Trick entwickelt. Nimmt ihr ein anderer Baum das Sonnenlicht weg, schwingen die dünnen Äste bei Wind durch seine Krone und „sägen“ sich langsam, aber sicher den Platz frei.

Die Knospen und Samen der Birke dienen übrigens dem Birkhuhn als Nahrung.

Größe	bis 30 m
Vorkommen	Europa, Asien
Blütezeit	April bis Mai
Blatt	gezackt
Familie	Birkengewächse

BROMBEERE

Marmelade, Gelee, Kompott oder Saft? Brombeeren sind richtig lecker. Aber du kommst nicht so leicht an sie heran, denn die Brombeere hat sehr stachelige Stängel. Die Stacheln benutzt die Kletterpflanze wie kleine Steigeisen und kraxelt mit ihrer Hilfe nach oben.

Wenn die Pflanze zwei Jahre alt ist, wachsen die Seitentriebe, an deren Ende sich die Blütenstände befinden. Zwischen Juni und August blüht die Brombeere mit kleinen weißen Blüten.

Die blauschwarzen Früchte sind saftig und du kannst sie von Juli bis Oktober sammeln. Die Früchte enthalten viel gesundes Vitamin A und C. Aus den Blättern kann Tee gemacht werden, der blutreinigend wirkt.

Die Brombeere wurde früher oft verwendet, um Stoffe grau oder braun zu färben. Ihre Blätter kamen bei der Lederherstellung zum Einsatz.

Größe	bis 3 m
Vorkommen	Europa
Blütezeit	Juni bis August
Blatt	gefiedert
Familie	Rosengewächse

BUCHE

Die Buche hat eine dünne, glatte, silbergraue Rinde. Die dreikantigen, braun glänzenden Bucheckern hast du bestimmt auch schon gesammelt. Das sind die Früchte, die aus den weiblichen Blüten hervorgegangen sind. Die männlichen Blüten sind „Kätzchen" und ihr feiner Blütenstaub gelangt durch den Wind zu den weiblichen Blüten.

Die Bucheckern enthalten viel Öl. Wenn du es schaffst, 100 Kilogramm Bucheckern zu sammeln, könntest du daraus etwa 30 Kilogramm Speiseöl gewinnen. Roh solltest du die Bucheckern nicht unbedingt essen. Sie sind zwar nicht wirklich giftig, aber sie enthalten Trimethylamin. Das ist eine Substanz, von der dir schlecht werden kann.

Buchenholz wird gern zum Bau von Möbeln verwendet. Für den Einsatz im Freien ist es jedoch nicht geeignet, denn es verrottet dort sehr schnell. Buchenholz hat einen hohen Heizwert und ist daher auch als Brennholz sehr beliebt.

Größe	bis 40 m
Vorkommen	Europa
Blütezeit	April bis Mai
Blatt	eiförmig
Familie	Buchengewächse

BUCHSBAUM

Der Buchsbaum ist ein immergrüner Strauch oder Baum. Du findest ihn in Parks, Gärten, auf Friedhöfen und in alten Schlossanlagen. Er wächst sowohl in der Sonne als auch im Schatten und ist daher bei den Gärtnern schon früher sehr beliebt gewesen. Selbst die alten Griechen und Römer pflanzten ihn damals an, um ihre Beete und Wege einzurahmen.

Der Buchsbaum hat längliche, dunkelgrüne Blätter mit einer helleren Unterseite. Seine Blüten erscheinen im Frühjahr und sind gelb. Sie produzieren viel Nektar und Pollen und werden daher gern von Bienen und Fliegen angeflogen. Die Samen fallen reif auf den Boden und werden von Ameisen weitergetragen.

Den Buchsbaum kannst du in den unterschiedlichsten Größen und Formen finden. Es gibt ihn als gerade Hecke geschnitten oder auch als zurechtgestutzte Einzelpflanze. Manchmal werden die komischsten Figuren aus den Buchsbäumen geschnitten: Da gibt es große Spiralen, kugelige oder eckige Bäumchen und manchmal sogar Tiere und Zwerge.
In China gilt der Buchsbaum übrigens als Symbol für ein gesundes, langes Leben.

Größe	bis 8 m
Vorkommen	Europa, Asien
Blütezeit	März bis Mai
Blatt	eiförmig
Familie	Buchsbaumgewächse

DOUGLASIE

Die Douglasie heißt auch Douglasfichte und ist einer der mächtigsten Bäume. Sie ist immergrün und wird bei uns bis zu 60 Meter hoch. In Nordamerika kann sie aber auch doppelt so hoch werden. Die größte Douglasie, die bisher gefunden wurde, maß sage und schreibe 133 Meter. Der größte Baum in Deutschland ist eine 62,45Meter hohe Douglasie und befindet sich im Eberbacher Stadtwald.

Die Nadeln sind blaugrün und schön weich. Sie werden drei bis vier Zentimeter lang und duften sehr schön, wenn du sie zwischen den Fingern zerreibst. Die Zapfen der Douglasie sind länglich.

Die Douglasie wächst schnell und kann bis zu 400 Jahre alt werden. Das Holz der Douglasie ist vielfältig verwendbar. Es ist sehr haltbar und witterungsbeständig und wird daher beispielsweise zum Bau von Dachstühlen, Möbeln und sogar von Schiffsmasten eingesetzt.

Größe	bis 60 m
Vorkommen	Europa, Nordamerika
Blütezeit	April bis Mai
Blatt	Nadel
Familie	Kieferngewächse

EBERESCHE

Die Eberesche wird auch häufig Vogelbeere genannt und du erkennst sie im Herbst an ihren rötlichen, runden Früchten. Die Vögel fressen diese Beeren gern und helfen der Eberesche damit unbewusst, sich zu vermehren.

Durch den Kot der Vögel werden die Samen der Eberesche weiterverbreitet. Die Beeren sind etwa einen Zentimeter groß und enthalten jede Menge gesundes Vitamin C. Aber sie schmecken nicht besonders gut und wenn man sie roh isst, bekommt man sogar Magenprobleme. Aus einigen Sorten kann man allerdings sehr leckere Marmelade machen.

Die Vogelbeere kannst du auf Lichtungen, an Waldrändern und in Städten häufig an Straßen und in Gärten finden. Sie ist eine wichtige Futterpflanze für Säugetiere und Insekten, wie Schmetterlinge oder Käfer.

Größe	bis 20 m
Vorkommen	Europa, Asien
Blütezeit	Mai bis Juni
Blatt	gefiedert
Familie	Rosengewächse

EIBE

Eiben wachsen sehr langsam und sind immergrün. Sie können als Sträucher oder Bäume wachsen. Eiben können so richtige Greise werden. Als Deutschlands älteste Eibe gilt die Hintersteiner Eibe im Allgäu; ihr Alter wird auf unglaubliche 2000 Jahre geschätzt. Was die wohl so alles erzählen würde, wenn sie nur reden könnte?

Bei den Eiben wachsen die weiblichen und die männlichen Blüten auf getrennten Pflanzen.

Alle Pflanzenteile außer dem roten Mäntelchen, das die Samen umgibt, sind hochgiftig! Die tödliche Dosis für einen Menschen liegt ungefähr bei einem Gramm Eibennadeln pro Kilogramm Körpergewicht. Aus dem Samenmantel der Eibe wird in einigen Ländern Europas ein marmeladenähnlicher Brotaufstrich gemacht. Der Samenmantel der Eibe schmeckt sehr fruchtig. Du solltest ihn aber auf keinen Fall probieren, denn ganz leicht isst du versehentlich andere Teile der Eibe mit und dann …

Größe	bis 20 m
Vorkommen	Europa
Blütezeit	März bis April
Blatt	Nadel
Familie	Eibengewächse

EICHE

Die Eiche ist ein heiliger Baum, zumindest nahmen die Menschen das früher an. So aßen die keltischen Druiden in den Eichen ihre Mahlzeiten und schnitten Misteln. Die alten Germanen weihten den Baum sogar ihrem Gewittergott.

Es gibt etwa 600 verschiedene Arten von Eichen. Bei uns wirst du am häufigsten die Stieleiche und die Traubeneiche finden. Die Stieleiche kann bis zu 800 Jahren alt werden. Die Rinde eines jungen Baumes ist glatt und glänzt graugrün. An den älteren Bäumen bildet sich eine dicke und rissige graubraune Borke. Die ledrigen Blätter wachsen an kurzen Stielen und werden bis zu 15 Zentimeter lang.

Die Eicheln mit den lustigen Hütchen reifen im September und Oktober. Sie sitzen zu dritt bis zu fünft an bis zu vier Zentimeter langen Stielen. Daher kommt auch der Name Stieleiche.

Die Eicheln sind die Nahrung für viele Tiere. Auch Eichelhäher und Eichhörnchen fressen sie gern. Eichenholz ist sehr hart und wird für Möbel und Fußböden verwendet. Außerdem wird es als Brennholz sehr geschätzt. Es kann leicht gespalten werden, lässt sich extrem lange lagern und hat einen hohen Heizwert.

Größe	bis 50 m
Vorkommen	Europa, Nordamerika
Blütezeit	März bis April
Blatt	ledrig, wellig am Rand
Familie	Buchengewächse

ERLE

Erlen sind Bäume oder Sträucher, die im Sommer grün sind und im Winter ihre Blätter abwerfen. Grau- und Schwarzerlen wachsen meistens an Bächen, Flüssen oder Teichen, denn sie mögen es gern feucht. An solchen Standorten ist der Boden meist nährstoffarm und außer der Erle wachsen dort kaum andere Bäume. Die Grau- und Schwarzerlen haben auch einen Sinn an diesen Stellen, denn sie sind ein toller Uferschutz.

An der Erle sitzen die weiblichen und die männlichen Blüten an einem Baum. Sie werden Kätzchen genannt. In den Kätzchen befinden sich dann entweder nur weibliche oder nur männliche Blüten. Die Erlen sind übrigens die einzigen Laubbäume, bei denen sich die weiblichen Kätzchen zu Zapfen entwickeln.

Die Erle wirft oft schon mitten im Sommer ihre Blätter ab. Die sind dann noch ganz grün und es sieht so aus, als sei der Baum krank. Das stimmt aber nicht, denn die Erle braucht unheimlich viel Sonnenlicht und wirft einfach die Blätter ab, die zu wenig Sonne bekommen.

Größe	bis 25 m
Vorkommen	Europa, Asien, Nordamerika
Blütezeit	März bis April
Blatt	wellig
Familie	Birkengewächse

FICHTE

Die Fichte ist ein gerade wachsender, immergrüner Baum mit einem schlanken Stamm. Die Baumkrone eines ausgewachsenen Baumes sieht aus wie ein Kegel. Fichten werden normalerweise bis zu 150 Jahre alt, es gibt aber auch Bäume, die etwa 220 Jahre alt sind.

Fichten haben nur flache Wurzeln und können daher auch in den Bergen zwischen Felsbrocken Halt finden. Bei Sturm werden sie allerdings auch schnell entwurzelt und fallen um.

Die Rinde der Fichte schimmert rötlich. Die braunen Zapfen hängen herab und sind bis zu 15 Zentimeter lang. Die Fichte wirft ihre Zapfen ganz ab. Das heißt, wenn du einen ganzen Zapfen findest, dann ist das kein Tannenzapfen, sondern ein Fichtenzapfen.

Viele Möbel werden übrigens aus Fichtenholz gemacht und auch zur Papierherstellung wird es häufig benutzt.

Größe	bis 60 m
Vorkommen	Europa, Nordamerika, Asien
Blütezeit	Mai bis Juni
Blatt	Nadel
Familie	Kieferngewächse

FLIEDER

Der Flieder ist einer der schönsten Sträucher, die du im Garten finden kannst. Es gibt ihn in Lila, Pink oder Weiß. Die dicken Blütendolden duften herrlich und locken neben schnuppernden Menschen auch viele Insekten an.

Obwohl er so schön ist, ist der Flieder ziemlich anspruchslos. Er bevorzugt humusreiche, durchlässige und nährstoffreiche Böden. Aber er gibt sich auch mit wenig zufrieden und wächst auf schlechterem Boden. Was der Flieder jedoch überhaupt nicht mag, ist Staunässe, denn wer hat schon gern andauernd nasse Füße? Da der Flieder eine hervorragende Luftfilterungsmaschine ist und die Gifte, Gase und den Ruß in der Luft sehr gut aushält, wird er oft an viel befahrenen Straßen angepflanzt.

Wenn du ein paar Fliederzweige in eine Vase stellen möchtest, solltest du vorher die Stiele unten breit klopfen. So hält die Blütenpracht länger!

Größe	bis 6 m
Vorkommen	Europa, Asien
Blütezeit	Mai bis Juni
Blatt	oval, spitz
Familie	Ölbaumgewächse

GEISSBLATT

Das Geißblatt wird auch Heckenkirsche genannt und es gibt etwa 180 verschiedene Arten. Bei uns triffst du häufig auf die Rote Heckenkirsche. Die glänzenden roten Beeren sind für uns Menschen giftig, denn sie enthalten einen gefährlichen Bitterstoff.

Du kannst die Rote Heckenkirsche in hellen Laub- und Mischwäldern finden. Sie braucht Böden, in denen viele Nährstoffe enthalten sind. Die Rote Heckenkirsche ist ein sommergrüner Strauch, der hohle Zweige hat. Die Blätter haben auf der Ober- und Unterseite weiche Härchen.

Die Blüten sind gelblich weiß und teilen sich zu zweit einen gemeinsamen Stiel. Sie werden von Insekten, wie Hummeln oder Waldbienen, bestäubt. Die giftigen Beeren breiten sich entweder von allein aus oder werden durch Tierkot weitergetragen und können sich so anschließend vermehren.

Größe	bis 5 m
Vorkommen	Europa, Asien
Blütezeit	Juni bis Juli
Blatt	breit, eiförmig
Familie	Geißblattgewächse

GINKGO

Der Ginkgobaum ist ein Einwanderer, der eigentlich aus Ostasien stammt. Seit Mitte des 18. Jahrhunderts wird er bei uns als Zierbaum angepflanzt. Der Ginkgo ist ein sommergrüner Baum, der in 100 Jahren etwa 40 Meter groß wird.

Seine Rinde ist braun und sieht ein wenig wie Kork aus. Der junge Ginkgo wächst schlank und gerade in den Himmel, die älteren Bäume lassen ihre Äste hängen und bilden eine mächtige Krone.

Ganz auffällig sind seine fächerförmigen, breiten Blätter. In der Mitte haben sie Kerben und jedes Blatt sieht anders aus. Im Herbst färben sich die Blätter hellgelb und fallen ab. Bei einem Ginkgo kann es passieren, dass er alle Blätter an einem einzigen Tag abwirft. Das ist eine Besonderheit des Ginkgos.

Es gibt beim Ginkgobaum männliche und weibliche Pflanzen. Erst wenn der Baum blüht, kannst du erkennen, dass die männlichen Blüten auffälliger als die weiblichen sind.

Größe	bis 40 m
Vorkommen	Europa, Asien
Blütezeit	März
Blatt	fächerförmig
Familie	Ginkgogewächse

GINSTER

Eigentlich kommt der Ginster aus dem Mittelmeerraum. Der Strauch hat nur kleine Blätter und es gibt etwa 50 verschiedene Sorten, die zwischen 50 und 150 Zentimeter groß werden können. Du kannst ihn in vielen Gärten als Zierpflanze finden und auch auf Balkonen und Terrassen in Kübeln.

Am bekanntesten ist bei uns der Besenginster. Der heißt so, weil man früher aus seinen Ästen Besen herstellte. Der Ginster hat wunderschöne Blüten, die meist gelb sind, aber auch orangebraun, rot, rosa oder weiß sein können. Am wohlsten fühlt sich der Ginster in der prallen Sonne und auf lehmigem oder sandigem Boden.

Der Besenginster ist in allen Pflanzenteilen giftig. Vor allem das in den Blättern und Samen enthaltene Gift kann zu Übelkeit, Durchfall, Schwindel und Kopfschmerzen führen. Also lass besser die Finger davon.

Größe	bis 1,50 m
Vorkommen	Europa
Blütezeit	Mai bis Juni
Blatt	klein
Familie	Schmetterlingsblütler

HAGEBUTTE

„Ein Männlein steht im Walde ganz still und stumm und hat ein purpurrotes Mäntelein um." Sicher kennst du das Kinderlied, das die Hagebutte beschreibt. Die Hagebutte wird auch Wildrose, Heckenrose oder noch häufiger Hundsrose genannt. Sie wächst in ganzen Hecken, als Gebüsch und einzeln an Böschungen.

Im Hochsommer blüht die Hagebutte mit vielen schönen weißen Blüten. Bis zum Herbst reifen dann die knallroten Hagebuttenfrüchte heran. Hagebutten kannst du essen. Entweder nach dem Pflücken roh, wenn du die Kerne entfernt hast, oder gekocht als Marmelade.

Größe	bis 3 m
Vorkommen	Europa, Asien
Blütezeit	Juni bis August
Blatt	Rosenblatt
Familie	Rosengewächse

Bestimmt hast du auch schon Hagebuttentee getrunken oder Früchtetee, der auch aus vielen Hagebutten gemischt wird.

Je später du die Hagebutten pflückst, umso süßer sind sie. Die Früchte können sogar den ganzen Winter über am Strauch hängen bleiben und trotzdem kannst du sie dann im Frühjahr immer noch ernten und verarbeiten.

DER WALD – DIE GRÜNE LUNGE

Was gibt es schöneres, als einen Spaziergang durch einen Wald zu machen, tief einzuatmen und den erdigen und moosigen Geruch zu erschnuppern? Im Sommer ist es herrlich kühl, im Herbst bunt, im Winter oft ganz leise und im Frühjahr explodiert wieder das Leben im Wald.

Sehen wir uns doch einmal den Aufbau eines Waldes von oben nach unten an:

Aus den kräftigen Stämmen der Bäume wächst das grüne Kronendach. Es fängt Licht, Regen und Sturm auf. Die hohen Nadel- und Laubbäume bilden die Baumschicht. Wo das dichte Kronendach genügend Licht durchlässt, entwickelt sich eine Strauchschicht, in der auch die jungen Bäume heranwachsen. Die Krautschicht wächst dort, wo die Strauchschicht nicht zu dicht und der Boden nährstoffreich ist. Die Moosschicht bekommt am wenigsten Licht ab und bietet vielen Kleintieren einen weichen, sicheren Unterschlupf.

Bei uns in Deutschland sind etwa 30 Prozent der Landoberfläche mit Wald bedeckt. Der Wald wird auch gern die „grüne Lunge“ genannt: Ohne ihn hätten wir nicht genügend Sauerstoff zum Atmen und unsere schmutzige Luft könnte nicht gefiltert werden.

Aber unser Wald ist gefährdet, vor allem durch Umweltverschmutzung und durch das gezielte Abholzen zu vieler Bäume. Besonders in den Tropen ist das ein großes Problem – dort verschwindet jeden Tag ein riesiges Stück Urwald. Damit es bei uns nicht so weit kommt, versuchen Umweltschützer, Förster und viele andere Menschen, unsere Wälder sauber zu halten und zu schützen. Und du solltest das auch tun. Achte also immer darauf, keinen Abfall dort liegen zu lassen. Die Pflanzen und Tiere im Wald werden es dir danken!

HARTRIEGEL

Hartriegel sind Bäume oder Sträucher. Bei uns wirst du am häufigsten auf die Kornelkirsche und den Roten Hartriegel treffen.

Der Rote Hartriegel hat seinen Namen von seinen im Herbst leuchtend roten Blättern und von den häufig roten Zweigen. Der Rote Hartriegel wächst als Strauch und kann sogar bis zu fünf Meter groß werden. Seine zuerst grünen Blätter sind oval und werden im Laufe des Sommers immer rötlicher.

Die Kornelkirsche wächst ebenfalls als Strauch. Ihre gelben Blüten erscheinen schon ganz früh im Jahr, von Januar bis April. Erst nach der Blüte bekommt sie ihre eiförmigen Blätter. Die länglichen, hängenden Früchte heißen Steinfrüchte und sind dunkelrot, wenn sie reif sind. Sie schmecken süßlich und werden gern von Vögeln gefressen.

Größe	bis 5 m
Vorkommen	Europa, Asien
Blütezeit	Mai bis Juni
Blatt	oval
Familie	Hartriegelgewächse

HASEL

Größe	bis 6 m
Vorkommen	Europa
Blütezeit	April bis Mai
Blatt	herzförmig
Familie	Birkengewächse

Haselnüsse sind lecker und es macht Spaß, sie zu knacken und dann aufzuessen. Die Pflanze, an der die leckeren Nüsse wachsen, ist natürlich die Hasel. Sie wächst als kleiner Baum oder als Strauch und wird bis zu sechs Meter hoch.

Die Hasel trägt ihre männlichen und weiblichen Blüten auf derselben Pflanze. Sie wird vom Wind bestäubt. Die männlichen Blüten sind die vier bis acht Zentimeter langen Kätzchen. Um die weiblichen Blüten zu sehen, musst du sehr genau hinschauen, denn sie sind so klein, dass man sie glatt übersieht. Es sind nur winzig kleine, rötliche Knospen.

Die leckeren Nüsse reifen im Herbst heran, sind zuerst gelblich und verfärben sich dann braun. Haseln werden durch Eichhörnchen verbreitet. Die verstecken die Nüsse als Wintervorrat und finden dann viele nicht mehr wieder. So wächst ein neuer Baum heran. Die Hasel findest du an Waldrändern, aber auch als Hecke im Brachgelände. Sie braucht ausreichend Nährstoffe im Boden und viel Licht.

HIMBEERE

Himbeereis, Himbeerkuchen, Himbeerpudding – was wäre der Sommer ohne Himbeeren? Die leckeren roten Früchte sind sehr beliebt und werden gern gesammelt. Leider hat die Himbeere viele Stacheln und so musst du beim Sammeln gut aufpassen, damit du dich nicht ständig piekst oder kratzt.

Die Himbeere kannst du mitsamt ihren roten Früchten an Waldrändern und Lichtungen finden. Natürlich wird sie auch gern in Gärten angepflanzt. Sie steht am liebsten halbschattig und auf nährstoffreichem Boden.

Himbeeren halten sich im Kühlschrank höchstens drei Tage. Man kann sie aber auch einfrieren und so das ganze Jahr über genießen.

Größe	bis 2 m
Vorkommen	Europa
Blütezeit	Mai bis Juli
Blatt	gefiedert
Familie	Rosengewächse

HOLUNDER

Holunder wächst als Strauch, der aber auch schnell die Größe eines Baumes erreichen kann. Meistens sind die Stämme krumm und schief und die Krone ist häufig sehr ungleichmäßig. Das helle Holz des Holunders hat kleine, dunkle Punkte.

Am Holunderstrauch wachsen kleine Früchte. Der Saft, den man aus den Früchten pressen kann, schmeckt lecker und ist gesund. Es gibt sie in Weiß und in Schwarz, je nachdem, ob du es mit schwarzem oder weißem Holunder zu tun hast.

Holundersaft, aber auch Tees aus der Rinde des Strauches werden oft gegen Erkältungen getrunken. Die Früchte enthalten viel Vitamin C und B und ätherische Öle. Also: Im Herbst fleißig Früchte sammeln, dann kannst du im Winter der Erkältung eine lange Nase machen.

Größe	bis 7 m
Vorkommen	Europa, Asien
Blütezeit	Mai bis Juni
Blatt	gefiedert
Familie	Geißblattgewächse

JOHANNISBEERE

Größe	bis 1,5 m
Vorkommen	Europa
Blütezeit	April bis Mai
Blatt	gelappt
Familie	Stachelbeergewächse

Johannisbeeren sind leckere Früchte und es gibt sie in Schwarz, Weiß und Rot. Johannisbeeren wachsen im hellen Sonnenlicht oder auch im Halbschatten. Du kannst sie als Busch, Stämmchen oder als Hecke finden und ihre Beeren ab Mitte bis Ende Juni naschen. Da die Früchte gewöhnlich am Johannistag (24. Juni) reif sind, hat die Pflanze den Namen Johannisbeere bekommen.

Solange aber noch keine Beeren an den Sträuchern hängen, kannst du die Farbe der Johannisbeeren durch das Reiben ihrer Blätter unterscheiden. Die Blätter der roten Johannisbeeren riechen nicht, die Blätter der schwarzen Johannisbeeren duften.

Die Johannisbeeren enthalten sehr viel Vitamin C und sind daher natürlich gesund, also greife nur zu. Übrigens: Ein Johannisbeerstrauch wird so etwa 15 Jahre alt und produziert in dieser Zeit zirka 55 Kilogramm Beeren, 60 Kilogramm Holz und 15 Kilogramm Laub.

KASTANIE

Die Kastanie findest du in Parks und Alleen, aber auch im Wald. Im Herbst kannst du dann unter einem Kastanienbaum die braunen, glänzenden Kastanien sammeln und daraus mit Zahnstochern kleine Figürchen bauen.

Manchmal liegt aber unter so einer Kastanie nicht direkt die braune Frucht, nach der du suchst, sondern ein kleiner grüner Igelball mit weichen Stacheln. Das ist die Fruchtkapsel, in der die braune Kastanie herangereift ist. Du kannst sie vorsichtig aufbrechen und die Kastanie herausnehmen.

Die Kastanie hat eine graubraune, glatte Rinde und eine dichte, hoch gewölbte Krone. Die Blätter sehen aus wie große Hände mit fünf oder sieben Fingern. Sie können bis zu 25 Zentimeter lang werden. Zur Blütezeit im April oder Mai schmücken hohe, aufrecht stehende Blütenkerzen die Kastanie. Diese Rispen werden bis zu 30 Zentimeter lang und sind damit ganz schön große Kerzen.

Größe	bis 30 m
Vorkommen	Europa, Asien, Nordamerika
Blütezeit	April bis Mai
Blatt	gefingert
Familie	Rosskastaniengewächse

KIEFER

Die Kiefer kennst du wahrscheinlich, aber ihr anderer Name Föhre ist nicht ganz so bekannt. Die Waldkiefer ist ein immergrüner Nadelbaum mit tiefen Wurzeln. Obwohl der Baum ziemlich groß werden kann, hat er dadurch ein festes „Standbein" und wird bei Sturm nicht ganz so schnell entwurzelt.

Die Rinde der jungen Bäume ist fast so rot wie ein Fuchsfell. Bei den älteren Bäumen ist sie heller und bräunlich mit tiefen Furchen. Die Nadeln wachsen büschelig. Eine Waldkiefer blüht zum ersten Mal, wenn sie zwischen 30 und 70 Jahre alt ist. Die männlichen Blüten sind gelb und befinden sich als Stände an den jungen Trieben. Die weiblichen Blüten sind erst rosa und werden dann grün. Es dauert zwei Jahre, bis die Zapfen der Kiefer reif sind.

Größe	bis 30 m
Vorkommen	Europa
Blütezeit	Mai bis Juni
Blatt	Nadel
Familie	Kieferngewächse

LÄRCHE

Die Lärchen sind sommergrüne Bäume. Sie werfen im Herbst ihre Nadeln ab. Für einen Nadelbaum ist das ungewöhnlich, denn die meisten Nadelhölzer behalten ihre nadelförmigen Blätter und sind immergrüne Bäume. Die Lärche ist da eine Ausnahme.

An einem einzigen Trieb der Lärche kannst du bis zu 60 Nadelblätter finden. Die Lärche hat kleine, braune Zapfen, die auch am Baum hängen bleiben, wenn sie ihre Samen ausgestreut haben. Manchmal sogar noch bis zu zehn Jahre.

Die Lärche ist ein Baum, der auch ganz extreme Wetterbedingungen überlebt. Im Winter erfriert sie auch bei Temperaturen bis minus 40° nicht und im Sommer kann sie die Hitze gut vertragen.

Die Lärchen haben sehr schweres, harzhaltiges Holz. Man kann es gut zu Dachschindeln verarbeiten, die dann fast 100 Jahre halten – so stabil ist das Holz. Früher hat man aus ausgehöhlten Lärchenstämmen sogar Wasserleitungen gebaut.

Größe	bis 40 m
Vorkommen	Europa
Blütezeit	März bis April
Blatt	Nadel
Familie	Kieferngewächse

LIGUSTER

Größe	bis 5 m
Vorkommen	Europa
Blütezeit	Juni bis Juli
Blatt	länglich, spitz
Familie	Ölbaumgewächse

Der Liguster ist ein wintergrüner Strauch und kann bis zu fünf Meter groß werden. Vielleicht hörst du auch manchmal die Namen Rainweide oder Tintenbeerbaum für den Ligusterstrauch. Liguster wächst in Laubwäldern und wird auch häufig als Garteneinzäunung oder als Straßenbegrenzung gepflanzt.

Die Blätter des Ligusters wachsen an einem kurzen Stiel und sehen länglich aus. Der Strauch blüht von Juni bis Juli mit schönen gelblichen Blüten, die sehr stark riechen. Die Blüten wachsen in aufrechten Rispen am Strauch. Die Früchte reifen ab August und sind giftig! Also, Finger weg! Sie sind kugelig und sehen aus wie kleine, glänzende schwarze Erbsen.

Die Beeren sind nicht das Einzige, das am Liguster giftig ist. Auch Teile der Blätter und der Rinde enthalten giftige Stoffe, von denen du Bauchschmerzen, Krämpfe und sogar eine Kreislauflähmung bekommen kannst. Früher benutzte man den Saft der Beeren übrigens zum Einfärben von Stoffen.

LINDE

Die Linde ist ein mächtiger Baum mit einer schönen regelmäßigen Krone. Du kannst sie in Laubwäldern oder an Alleen finden. Es gibt auch Einzelbäume, die früher in vielen Dörfern der Mittelpunkt des Ortes waren. Unter der Dorflinde stand meist eine Bank und da wurde getratscht oder die Liebespärchen trafen sich dort. Anfang Mai wurden häufig rauschende Tanzfeste unter diesem Baum gefeiert.

Die Blätter der Linde sind oft klebrig. Das liegt an dem Honigtau. Das ist nicht etwa eine leckere Honigsorte, sondern es sind die Ausscheidungen von Blattläusen. Die Blüten der Linde bekommst du erst zu sehen, wenn der Baum schon alle Blätter hat. Es sind gelbliche Zwitterblüten. Sie sind gleichzeitig männlich und weiblich und werden von den Insekten bestäubt. Ab August reifen kleine, filzige Früchte an der Linde.

Getrocknete Lindenblüten wirken als Tee lindernd bei Erkältungen und Husten.

Größe	bis 40 m
Vorkommen	Europa
Blütezeit	Juni
Blatt	herzförmig, spitz
Familie	Lindengewächse

PAPPEL

Größe	bis 35 m
Vorkommen	Europa
Blütezeit	März bis April
Blatt	je nach Art dreieckig bis oval
Familie	Weidengewächse

Es gibt etwa 50 verschiedene Pappelarten. Bei uns wirst du die Schwarzpappel, die Silberpappel und die Graupappel finden. Eine weitere Art, die Zitterpappel, heißt auch Espe und du hast bestimmt schon die Redewendung „du zitterst ja wie Espenlaub" gehört.

Die Espe hat rundliche Blätter mit einem langen Stiel. Deshalb bewegen sich die Blätter schon bei sehr wenig Wind und „zittern" los. Die Rinde der Espe ist sehr glatt und grünlich grau. Die Blattknospen sind gelbbraun. Die jungen Triebe sind rotbraun.

Die männlichen Bäume haben viele dicke, graubraune Kätzchen und stäuben Mitte März. Danach fallen sie dann ziemlich schnell vom Baum ab. Die weiblichen Bäume tragen grüne Kätzchen mit behaarten Samen, die bis Mitte Mai so flaumig werden wie ein kleines Schäfchen. Dann fliegen die Samen mit dem Wind davon.

PFAFFENHÜTCHEN

Das Pfaffenhütchen wird manchmal auch Spindelstrauch genannt. Sein Holz wurde früher zu Spindeln verarbeitet, daher kommt der Name. Der Strauch wird bis zu drei Meter hoch, aber er kann als kleiner Baum auch bis zu sechs Meter groß werden.

Die Äste des Pfaffenhütchens sind rotbraun. Die kleinen, grünlich gelben Blüten wachsen als Trugdolden und kommen gleichzeitig mit den Blättern hervor. Die fächerartigen, roten Früchte reifen im Spätsommer und Herbst heran. Sie sehen aus wie der Hut eines Kardinals und daher hat die Pflanze ihren Namen. Die reifen Früchte springen auf und streuen die orangefarbenen, giftigen Samen aus.

Das Pfaffenhütchen wächst in Laubwäldern und an Waldrändern, aber auch im Hügelland. Der Samen, die Blätter und die Rinde enthalten einen Bitterstoff und herzwirksame Substanzen, die Glykoside heißen. Aber Vorsicht, sie sind giftig!

Größe	bis 6 m
Vorkommen	Europa
Blütezeit	Mai bis Juni
Blatt	länglich, spitz
Familie	Baumwürgergewächse

PFINGSTROSE

Die Pfingstrose ist eine wunderschöne mehrjährige Pflanze. Es gibt 33 verschiedene Arten, von denen die bekanntesten Stauden sind. Es gibt aber auch Arten, die zu Sträuchern heranwachsen.

Pfingstrosen findest du oft als Zierpflanzen in Parks und Gärten.

Die Blüten mancher Sorten sind gefüllt und haben einen Durchmesser von bis zu 13 Zentimetern. Die Farben der Sorten reichen von Weiß bis Rot und Gelb. Mit 3,6 Millionen Pollen je Blüte ist die Pfingstrose in dieser Hinsicht absoluter Weltmeister.

Die Pfingstrose war schon im Mittelalter bekannt und wurde als Heilpflanze benutzt. Da sie von den Benediktinermönchen über die Alpen gebracht wurde, hat sie auch den Namen „Benediktinerrose".

Die Pfingstrose enthält übrigens ein Gift, von dem du Bauchschmerzen bekommen kannst.

Größe	bis 1 m
Vorkommen	Europa, Asien
Blütezeit	Mai bis Juni
Blatt	länglich
Familie	Pfingstrosengewächse

PREISELBEERE

Der Zwergstrauch hat ovale Blätter, die dunkelgrün und dick sind. An der Spitze der Triebe hängen in dicken Trauben die weißen, glockenförmigen Blüten. Ab Ende August entwickeln sie sich in fünf bis sechs Wochen zu leuchtend roten, leckeren Preiselbeeren.

Die Preiselbeere ist unempfindlich gegen Frost, aber sie mag auch gern ein wenig Sonne. Du findest sie in Nadel- und Mischwäldern und in Heiden und Mooren.

Die Preiselbeere ist in der Küche gern gesehen. Aus ihr wird Kompott gekocht. Das leckere rote Fruchtmus kann man dann als Beilage zu Wildgerichten essen.

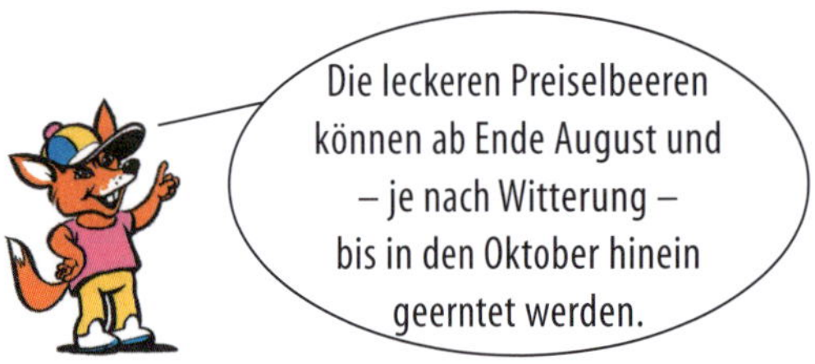

Der Saft aus den Früchten enthält viel Vitamin C und soll auch vorbeugend gegen Blasenentzündungen wirken.

Die getrockneten Blätter werden zur Zubereitung von Tee gegen Blasenentzündungen und Ähnliches benutzt.

Größe	bis 40 cm
Vorkommen	Europa, Asien, Nordamerika
Blütezeit	Mai bis August
Blatt	eiförmig
Familie	Heidekrautgewächse

SCHLEHE

Größe	bis 4 m
Vorkommen	Europa, Asien, Nordafrika
Blütezeit	März bis April
Blatt	länglich
Familie	Rosengewächse

Die Schlehe ist ein ziemlich sperriger, stark verzweigter Strauch. Mit seinen gemeinen Dornen hält er einen davon ab, seine nähere Bekanntschaft zu machen. Die Dornen schützen ihn vor großen Pflanzenfressern. Du findest ihn häufig an Weg- und Waldrändern, wo er genügend Sonne abbekommt. Er wird auch oft als Heckenpflanze in Parks und Gärten gesetzt.

Die Schlehe hat eine sehr dunkle Rinde und blüht schon früh im Jahr mit kleinen weißen Blüten. Die kugeligen, dunkelblauen Früchte haben einen großen Stein und sind ziemlich sauer. Sie reifen von Oktober bis November, schmecken aber viel besser, wenn sie ein wenig im Frost gestanden haben. Die Früchte enthalten viele gesunde Vitamine.

Die Schlehe wird im Frühjahr oft von Schmetterlingen besucht, denn während ihrer Blüte nutzen sie sie als Futterpflanze.

Größe	bis 4 m
Vorkommen	Europa, Asien
Blütezeit	Juni bis Juli
Blatt	mehrlappig
Familie	Geißblattgewächse

SCHNEEBALL

Bestimmt hast du im Winter schon eine Schneeballschlacht gemacht und kennst natürlich einen Schneeball. Was hat der also hier im Naturführer zu suchen? Man findet nicht nur bei Kälte und Eis Schneebälle, sondern auch im Sommer, denn es gibt einen Strauch, der Schneeball heißt. Du siehst ihn vor allem in Laubwäldern, auf Wiesen, in Parkanlagen und an Ufern von Bächen und Seen.

Der duftende Strauch hat dicke weiße Blüten, die tatsächlich wie Schneebälle aussehen. Sie werden von Insekten bestäubt. Die roten Früchte reifen dann von August bis November. Du solltest sie nicht roh essen, denn sie enthalten Bitterstoffe und ein schwaches Gift.

Die Rinde wurde früher für die Herstellung von Arzneien verwendet. In einigen Ländern werden die roten Beeren auch heute noch gegen schlimme Erkältungen in heißem Wasser zerdrückt und mit Honig gesüßt getrunken.

DER BAUM

Jeder fängt mal klein an, auch ein großer mächtiger Baum. Aus einem winzigen Sämling wächst innerhalb von ein paar Jahren ein richtiger Baum. Er hat einen aufrechten, verholzten Stamm und eine in der Erde liegende Wurzel. Am Stamm wachsen Äste, die Zweige, Blätter, Blüten und Früchte tragen. Die Äste verlängern sich jeden Tag ein Stückchen und der Baum wird größer.

Jedes Jahr nimmt der Baum auch an Umfang zu. Der Stamm wird breiter und es kommt ein neuer Jahresring hinzu. In den äußeren neuen Jahresringen führt der Baum seinen Saft und sein Wasser. In der Mitte des Stammes sitzt das Mark des Baumes, von dem aus die Nährstoffe in alle Richtungen verteilt werden.

Viele Bäume kannst du sogar schon an ihrem Stamm erkennen. Der weiße Birkenstamm ist kaum zu verwechseln. Aber bei einigen Bäumen kannst du stundenlang auf die Rinde starren und weißt immer noch nicht, was da vor dir steht. Da hilft nur eines: Du musst einen Blick auf die Blätter oder die Blüten werfen.

Übrigens: Auf der Welt gibt es etwa 20.000 unterschiedliche Baumarten. Sie werden in verschiedene Gruppen gegliedert. Es gibt die Laubbäume, wie Esche, Birke, Kastanie, Eiche oder Ulme. Dann sind da die immergrünen Laubbäume, wie der Buchsbaum, die Stechpalme und der Lorbeer. Und natürlich die große Gruppe der Nadelbäume, die fast alle immergrün sind, wie Tanne, Kiefer, Fichte und Eibe. Und dann gibt es da noch die Palmen und die Farne.

SEIDELBAST

Der Seidelbast ist ein Strauch, der bis zu 1,50 Meter hoch wächst. Er ist sehr giftig! Die Blätter sind keilförmig, hellgrün und hängen an einem kurzen Stiel. Der Strauch blüht schon sehr früh im Jahr von Februar bis April.

Er hat leuchtende rosarote bis hellviolette, zipfelige Blüten. Sie duften sehr stark und erscheinen vor den Blättern. Die Seidelbastfrüchte sind kleine rote Kugeln. Sie reifen von Juni bis August. Seidelbast wächst in schattigen, feuchten Wäldern und wird auch häufig in Parkanlagen und Gärten gepflanzt. Die Pflanze wird häufig durch Schmetterlinge bestäubt und die Vögel sorgen dann für die Verbreitung der Früchte.

Die gesamte Pflanze ist hochgiftig! Vor allem die roten Beeren und die Rinde der Stämme. Sie enthalten einen Stoff Namens Mezerein. Für Erwachsene können schon zehn bis zwölf Beeren des Seidelbasts tödlich sein, für Kinder sind es sogar noch sehr viel weniger.

Größe	bis 1,5 m
Vorkommen	Europa, Asien
Blütezeit	Februar bis April
Blatt	länglich
Familie	Seidelbastgewächse

STECHPALME

Die Stechpalme ist eine immergrüne Pflanze, die als Strauch oder stark verzweigter Baum wächst. Die Stämme der Bäume können bis zu 50 Zentimeter Durchmesser erreichen und über 300 Jahre alt werden.

Die Blätter sind dick und glänzen auf der Oberseite wie poliert. Der Blattrand ist gezackt und auf beiden Seiten mit bis zu sieben Stacheln besetzt. Wie stachelig sie sind, hängt mit der Höhe zusammen, in der die Blätter wachsen. Die weit unten sitzenden Blätter sind sehr stachelig, die oberen haben weniger Stacheln.

Die Früchte sind kleine, glänzende rote Kugeln. Sie reifen im Oktober. Die Früchte und andere Pflanzenteile der Stechpalme sind giftig. Du bekommst Bauchschmerzen, Übelkeit, Erbrechen oder auch Durchfall, wenn du die Beeren gegessen hast. Einige Menschen sind daran sogar schon gestorben. Also, Finger weg!

Größe	bis 10 m
Vorkommen	Europa, Asien, Nordafrika
Blütezeit	Mai bis Juni
Blatt	stachelig
Familie	Stechpalmengewächse

TANNE

Tannen sind immergrüne Bäume, die vor allem im Schwarzwald und in den Alpen wachsen. Es gibt insgesamt über 50 verschiedene Arten. Die Tanne hat nadelförmige, flache und leicht biegsame Blätter.

Einige Tannen bleiben mit nur 20 Metern Größe ziemlich klein, andere wachsen direkt bis in den Himmel hinein und können 100 Meter hoch werden. Die Weißtanne erreicht eine Wuchshöhe von 50 Metern und wird mit 500 bis 600 Jahren ganz schön alt.

Der Tannenbaum ist allerdings auch ein gern gesehener und ganz wichtiger „Gast" beim Weihnachtsfest. Eigentlich im Wald, Garten oder Park zu Hause, wird er neben Fichten zu Weihnachten gerne in die Wohnungen und Häuser geholt. Bunt geschmückt und mit vielen kleinen Lichtern verziert, glänzt er und bringt mitten im Winter frischen Waldduft ins Zimmer.

Größe	bis 100 m
Vorkommen	Europa, Asien, Nordamerika
Blütezeit	April bis Mai
Blatt	Nadel
Familie	Kieferngewächse

TOLLKIRSCHE

Die Tollkirsche wird auch Teufelskirsche genannt. Und das hat einen guten Grund, denn sie ist furchtbar giftig, sozusagen teuflisch giftig.

Sie hat glockenförmige, braunviolette und innen gelbgrün gefärbte Blüten. Diese werden bis zu drei Zentimeter groß und wachsen einzeln zwischen den Blättern.
Die Tollkirsche bekommt schwarze und glänzende Beeren. Im Gegensatz zur Esskirsche hat die Tollkirsche keinen Stein. Daran kannst du sie unterscheiden. Die Esskirsche wächst auch an langen und dünnen Stielen, die Tollkirsche sitzt nur an einem kurzen und dicken Stiel.

Bereits drei oder vier der Beeren können für Kinder tödlich sein. Für Erwachsene sind es etwa zehn Früchte. Früher haben sich Frauen den Saft der Tollkirsche in ihre Augen geträufelt, damit sich die Pupillen weiteten und dadurch schöner aussahen.

Größe	bis 1,5 m
Vorkommen	Europa
Blütezeit	Juni bis August
Blatt	eiförmig
Familie	Nachtschattengewächse

ULME

Ulmen sind Bäume oder Sträucher, die im Winter die Blätter abwerfen. Sie sind häufig von einer Krankheit befallen, die Ulmensterben genannt wird. Das Ulmensterben ist eine Erkrankung, die durch einen Pilz verursacht wird und vom Ulmensplintkäfer weiterverbreitet wird. Vor allem die Bergulme ist dadurch vom Aussterben bedroht.

Die Blätter der Bergulme sind zehn bis 15 Zentimeter lang und an der Oberseite dunkelgrün und ziemlich rau. Die Unterseite ist heller und mit feinen weißen Härchen bedeckt.

Die Ulmen blühen im Alter von etwa 40 Jahren das erste Mal und dann alle zwei Jahre, noch bevor die Blätter wachsen, im März. Die Blüten sind braunviolette Zwitter und wachsen in kleinen Trugdolden.

Das Holz der Ulme wird gern für die Herstellung von Möbeln verwendet.

Größe	bis 40 m
Vorkommen	Europa
Blütezeit	März bis April
Blatt	oval bis spitz
Familie	Ulmengewächse

WACHOLDER

Wusstest du, dass der Wacholder auf der Erde weitverbreitet ist und trotzdem bei uns selten vorkommt? Er wächst als Baum oder Strauch und kann säulenförmige, breite oder flache Formen haben. Seine Nadeln sind spitz und stechen dich kräftig, wenn du sie anfasst.

Obwohl er nach der Berührungsprobe nun eindeutig ein Nadelgehölz ist, trägt er keine Zapfen, sondern Beeren als Früchte. Wacholderbeeren nimmt man auch gern als Gewürz für leckere Mahlzeiten.

Der Wacholder braucht sehr viel Sonnenlicht und deshalb kann er nur mit freier Aussicht länger leben. Wenn er aber ein schönes, sonnendurchflutetes Plätzchen für sich gefunden hat, ist er sehr robust und kann bis zu 800 Jahre alt werden.

Größe	bis 8 m
Vorkommen	Europa, Amerika, Asien
Blütezeit	Mai bis Juli
Blatt	Nadel
Familie	Zypressengewächse

WALDREBE

Die Bekanntschaft einer Waldrebe hast du vielleicht schon gemacht, ohne dass du es weißt. Rankt eventuell sogar eine an eurem Haus hoch?

Sie wird auch Klematis genannt und vielleicht ist dir der schwindelfreie Kletterer unter diesem Namen vorgestellt worden.

Es gibt über 200 verschiedene Sorten dieser Kletterpflanze. Sie sind alle holzig und haben gefiederte Blätter. Bei manchen Sorten fallen sie im Winter ab, andere sind immergrün.

Die schnell wachsenden Klettersträucher haben silbrige, fedrige Früchte. Die Stängel der Pflanze klettern und ranken an Spalieren, Rosenbögen, Zäunen, Hecken, Bäumen und Häusern hoch.

Je nach Art haben die Blüten der Waldrebe die unterschiedlichsten Farben. Es gibt sie in Rot, Rosa, Lila, Blau oder auch in Weiß.

Größe	bis 25 m
Vorkommen	Europa, Asien, Amerika
Blütezeit	Mai bis August
Blatt	gefiedert
Familie	Hahnenfußgewächse

WALNUSS

Die harten Walnüsse mit einem tollen Nussknacker zu knacken und dann genussvoll das Innenleben zu verspeisen, macht doch so richtig Spaß. Der Baum, an dem die köstlichen Nüsse wachsen, ist die Walnuss.

Sie kann 160 Jahre alt werden und hat eine schöne breite Krone. Die Rinde ist glatt und erst der ältere Baum hat dann eine tiefrissige, schwarzgraue Borke. Wenn du die Blätter zwischen den Fingern reibst, duften sie sehr aromatisch. Die Walnuss hat weibliche und männliche Blüten auf einem Baum und wird durch den Wind bestäubt.

Größe	bis 30 m
Vorkommen	Europa, Asien, Nordamerika
Blütezeit	April bis Mai
Blatt	länglich
Familie	Walnussbaumgewächse

Die Bäume fangen mit etwa 15 bis 20 Jahren zu fruchten an. Das heißt, dann gibt es leckere Walnüsse zu ernten. Aber erst wenn der Baum um die 40 Jahre alt ist, hängt er so richtig voller Nüsse. Die Bäume tragen nicht jedes Jahr gleich viele Nüsse. Das hängt vom Wetter ab und daher gibt es gute und schlechte Nussjahre. In einem guten Jahr kann man von großen Bäumen bis zu 150 Kilogramm Nüsse ernten.

WEIDE

Die Weiden sind Bäume, Sträucher oder Zwergsträucher. Es gibt bis zu 30 Meter hohe Bäume, aber auch winzige Zwergsträucher, die nur drei Zentimeter hoch werden. Die als Bäume wachsenden Weidenarten sind schnellwüchsig, werden aber auch nicht so alt.

Weiden haben sehr kräftige und stark verzweigte Wurzeln und festigen damit das Erdreich. Die Zweige der Weiden können ineinander verwachsen. Schneidet man dann so einen verwachsenen Zweig unten ab, kann er über den anderen Zweig mitversorgt werden.

Die Blätter der Weiden sind sehr unterschiedlich, von rund bis schmal und spitz ist alles dabei. Aber fast alle Blätter sind an der Unterseite fein behaart.

Die männlichen und die weiblichen Kätzchenblüten haben am Grund ihrer Blüte zwei Nektardrüsen. Sie werden gern von Bienen, Schmetterlingen und anderen Insekten auf ein Tässchen leckeren Nektar besucht.

Aus der Rinde von Weiden lässt sich ein Tee zubereiten, der gegen Fieber und Schmerzen hilft.

Größe	bis 30 m
Vorkommen	Europa, Asien, Nordamerika
Blütezeit	März bis Mai
Blatt	unterschiedlich
Familie	Weidengewächse

WEISSDORN

Der Weißdorn ist ein sommergrüner Strauch, der im Winter seine Blätter abwirft. Er kann aber auch als kleines, kugeliges Bäumchen wachsen. Der Weißdorn hat eng beieinanderstehende, ziemlich dornige Zweige. Die Rinde ist glatt und grünbraun. Wenn der Weißdorn älter ist, hat die Rinde Risse und wird schuppig wie ein Fisch.

Die Blätter sind gesägt, tief eingeschnitten oder ausgebuchtet. Die schönen weißen, rosa oder roten Blüten wachsen als Doldenrispen. Die „Beeren" sind rote oder orangefarbene Früchte mit einem harten Steinkern.

Die Früchte kannst du essen. Sie schmecken leicht säuerlich und sind sehr mehlig. Man kann Fruchtkompott oder Marmelade daraus machen. Der Weißdorn wird auch als Heilpflanze bei niedrigem Blutdruck und Nervosität angewendet.

Der üppig wachsende Strauch wird gern als Hecke gepflanzt und bietet vielen kleinen Tieren Nahrung und Unterschlupf.

Größe	bis 6 m
Vorkommen	Europa, Nordamerika
Blütezeit	Mai bis Juni
Blatt	breit
Familie	Rosengewächse

BLUMEN, GRÄSER UND KRÄUTER

ACKERWINDE

Die Ackerwinde hat sehr hübsche und zarte trichterförmige Blüten. Die Blüten werden zwischen vier und fünf Zentimeter groß und enthalten reichlich Nektar für Wildbienen, Käfer und Schmetterlinge. Abends und bei schlechtem Wetter schließt die Ackerwinde ihre Blüten.

Obwohl sie schön aussieht, hat man sie nicht besonders gern in Gärten, auf Feldern oder Weinbergen. Sie rankt an den anderen Pflanzen hoch und wächst ihnen schnell über den Kopf. Sie klettert so schnell, dass sie dadurch die anderen Pflanzen in der Entwicklung behindert.

Da sie im Boden ein dichtes Netzwerk von knotigen und dicken Wurzeln hat, wird man sie gar nicht so leicht wieder los. Selbst wenn man die Ackerwinde an der Oberfläche jätet, bringt sie immer wieder neue Sprossen hervor.

Außer auf Äckern, wo man sie nicht so gern sieht, kannst du die Ackerwinde auch auf Wegen, Wiesen und sogar auf Schuttplätzen finden.

Die Ackerwinde ist einen Heilpflanze, mit der Herz-Kreislauf-Krankheiten, aber auch Fieber, Insektenstiche und Wunden behandelt werden können. Allerdings ist sie leicht giftig und sollte daher nur niedrig dosiert angewendet werden.

Vorkommen	Europa
Blütezeit	Juni bis September
Blatt	länglich, spießförmig
Familie	Windengewächse

AKELEI

Die Akelei hat blaue, violette oder weiße Blüten, die drei bis fünf Zentimeter groß werden. Die Blüten hängen an einem geraden Stängel und sehen aus, als ob sie andauernd mit ihrem Kopf nicken. Aber die freundliche Begrüßung täuscht. Sie ist giftig! Schon wenige der frischen Blätter können zu Atemnot, Herzbeschwerden und Krämpfen führen.

Die Akelei wächst auf Bergwiesen, in Laubwäldern und an Waldrändern. Sie kann nur von Hummeln mit einem langen Rüssel bestäubt werden. Den langen Rüssel brauchen diese Insekten, um an den tief sitzenden Nektar zu gelangen. Angelockt werden die Hummeln durch die schöne bunte Farbe und den Nektarduft. Sie krallen sich mit den Vorderbeinen am Rand der Blüte fest und stecken dann den Kopf tief hinein.

Die Akelei hat ihren Namen wahrscheinlich von dem lateinischen Wort „aquila“. Das bedeutet Adler. Wenn du genau hinsiehst, dann kannst du erkennen, dass die Blütensporne aussehen wie kleine Adlerkrallen.

Vorkommen	Europa
Blütezeit	Mai bis Juli
Blatt	mehrfach geteilt bis länglich
Familie	Hahnenfußgewächse

ALPENROSE

Vorkommen	Europa
Blütezeit	Juni bis August
Blatt	länglich
Familie	Heidekrautgewächse

Bei uns findest du vor allem die Rostblättrige Alpenrose. Sie wächst auf freien Flächen oder als Unterholz in den Wäldern der Alpen bis in 2700 Metern Höhe. Sie ist ein kleiner Strauch, der bis zu 150 Zentimeter groß werden kann.

Er hat leuchtend rote Blütentrauben, die aus bis zu zehn einzelnen Blüten bestehen können. Die einzelnen Blüten sehen aus wie kleine Glöckchen und haben fünf Blütenblätter.

Die Laubblätter sind immergrün und ziemlich dick. Diese Blätter sind sehr giftig! Es kann bei schweren Vergiftungen sogar zum Tod durch Atemstillstand kommen. Aber die Alpenrose ist nicht nur für dich giftig, sondern auch für Pferde, Rinder, Schafe, Ziegen sowie für Hunde, Katzen, Kaninchen und Vögel.

Früher benutzte man die Alpenrose bei Gicht und Rheuma als Heilmittel. Die Menschen waren damals aber auch sehr abergläubisch und dachten, dass derjenige, der die Blüten bei sich trägt, vom Blitz erschlagen wird.

AMPFER

Es gibt etwa 130 unterschiedliche Ampferarten. Du kannst sie zum Teil nur schwer unterscheiden, da sie sich recht ähnlich sehen. Der Wiesensauerampfer wächst bei uns häufig und du kannst ihn sammeln und als Gemüse essen. Er wird ähnlich wie Spinat gekocht.

Die krautige Pflanze kann bis zu einem Meter hoch werden und bevorzugt nährstoffreiche und lehmige Böden. Die kleinen roten Blütenrispen sitzen an den Stängeln.

Wenn du Sauerampfer im Garten anpflanzen möchtest, musst du ihn im Frühjahr auf feuchtem Boden in Reihen aussäen.

Wenn du dann regelmäßig deine Sauerampferblätter pflückst, kannst du ihn eine lange Zeit ernten, denn die Blätter wachsen schnell nach.

Pferde und Wiederkäuer wie Kühe, Schafe und Hirsche können krank werden, wenn sie zu viel Ampfer fressen.

Vorkommen	Europa
Blütezeit	Mai bis August
Blatt	länglich
Familie	Knöterichgewächse

ARNIKA

Arnika kannst du gut an dem aromatischen Duft und den quietschgelben Blütenständen erkennen. Die einzelnen, winzigen Blüten sitzen dicht gedrängt in einem Körbchen. Damit die Insekten sie auch wirklich bestäuben, lockt die Pflanze zusätzlich mit ihren langen, auffälligen Zungenblüten.

Arnika wirst du auf Wiesen finden und das sogar bis in 2800 Metern Höhe. Alle Teile der Pflanze sind giftig, obwohl Arnika eine Heilpflanze ist. Du solltest also nicht allein mit ihr herumexperimentieren.

Arnika kann äußerlich als Salbe oder flüssige Lösung angewendet werden. Wenn solch eine Tinktur aber getrunken wird, kann es zu Atemlähmung und Herzstillstand kommen. Wenn Arnika eingenommen werden soll, zum Beispiel bei Herzflattern, dann darf man nur die fertigen, genau dosierten Medikamente nehmen.

Vorkommen	Europa
Blütezeit	Mai bis August
Blatt	länglich
Familie	Korbblütengewächse

ARONSTAB

Ein grünes gewundenes Blatt verhüllt beim Aronstab wie ein kleiner Mantel den braunen Blütenkolben. Unten sitzen die weiblichen Blüten und darüber die männlichen. Der Blütenkolben riecht nach Aas und lockt mit dem Geruch kleine Fliegen an. Die dringen in den Manteltrichter ein und bestäuben die Pflanze. Diese Erfindung der Natur nennt man auch Kesselfalle. Die Früchte des Aronstabs sind erst grün und werden später leuchtend rot. Der Aronstab wächst in Laub- und Laubmischwäldern.

Die ganze Pflanze ist giftig! Auch wenn die roten Beeren noch so sehr locken, Finger weg! Denn selbst beim Berühren der Pflanze kann es schon zu Hautentzündungen kommen.
Eine Vergiftung zeigt sich durch Anschwellen der Lippen, Schmerzen auf der Zunge und im Hals, Herzklopfen, Krämpfe und Blutungen. Der Aronstab ist auch für Pferde, Kühe, Schafe, Schweine, Hunde und Katzen giftig.

Vorkommen	Europa
Blütezeit	April bis Mai
Blatt	pfeilförmig
Familie	Aronstabgewächse

ASTER

Es gibt über 500 verschiedene Sorten Astern, die meist im Sommer und im Herbst blühen. Sie verkleiden sich als Gänseblümchen, Margariten oder Dahlien. Der große Blütenstand setzt sich aus einem Körbchen mit vielen winzigen Einzelblüten und auffälligen, langen Zungenblüten zusammen. Sowohl die kleinen Röhrenblüten als auch die Zungenblüten können ganz unterschiedlich gefärbt sein, etwa weiß, rosa, rot, blau, gelb und lila. Die meisten Astern bevorzugen als Standort übrigens ein warmes, sonniges Plätzchen.

Das Blütenfest der Herbstastern beginnt dann, wenn die Natur schon alles auf Sparflamme zurückdreht. Dann zeigen uns diese schönen Blumen noch mal kurz vor dem Winter ihre Farbenpracht. Auch Bienen und Schmetterlinge sind dankbar für die späte Nahrungsquelle. Frühlingsastern begrüßen uns schon im Mai und die Sommerastern blühen ab Juli den ganzen Sommer hindurch.

Ihr Name leitet sich übrigens von dem lateinischen Wort astrum ab, das Stern bedeutet und sich auf die Anordnung der Blütenblätter bezieht.

Vorkommen	Europa, Asien, Amerika
Blütezeit	Mai bis Oktober
Blatt	länglich, fransig, rundlich
Familie	Korbblütengewächse

AURIKEL

Die Aurikel wird dir vielleicht auch unter dem Namen Alpenschlüsselblume vorgestellt. Die goldgelben Blüten stehen in Dolden mit bis zu 14 einzelnen Blüten. Sie duften stark und werden bis zu 2,5 Zentimeter groß. Die Pflanze selbst wird bis zu 25 Zentimeter hoch.

Ihre Blätter sind sehr dick und verfügen über eine Wachsschicht. Diese Schicht schützt die Aurikel, ähnlich wie Sonnencreme, vor zu starker Sonne. Die dicken Blätter sind darüber hinaus ein toller Wasserspeicher.

Die Pflanze wächst nur in den Alpen und dort ausschließlich auf kalkhaltigem Boden. Selbst in Felsspalten kommt sie vor und ist in Höhen von 1600 bis 3400 Metern zu finden.

Die Aurikel, die mittlerweile so selten geworden ist, dass sie unter Pflanzenschutz steht, kann bei empfindlichen oder allergischen Menschen Hautreaktionen auslösen, das heißt zu Hautrötungen und kleinen Bläschen führen.

Vorkommen	Europa
Blütezeit	Mai bis Juli
Blatt	mehrfach geteilt bis länglich
Familie	Hahnenfußgewächse

BÄRLAUCH

Wenn du durch einen Wald marschierst und es mit einem Mal nach Knoblauch riecht, sieh dich gut um, denn wahrscheinlich steht irgendwo Bärlauch. Aber aufgepasst, die länglichen Blätter des Bärlauchs sind ganz leicht mit denen der hochgiftigen Maiglöckchen oder Herbstzeitlosen zu verwechseln. Erst der Geruchstest schützt dich vor einem verhängnisvollen Fehler. Dazu zerreibst du die Blätter zwischen den Fingern. Nur wenn sie nach Knoblauch riechen, hast du es wirklich mit Bärlauch zu tun!

Der Bärlauch blüht mit weißen, sternförmigen Blüten und mit der Blütezeit endet Ende Juni auch die Erntezeit. Der Bärlauch ist nämlich eine Gemüse-, Gewürz- und Heilpflanze. Die Pflanze ist komplett essbar, aber man benutzt meistens nur die Blätter. Sie enthalten viel Vitamin C. Damit das Vitamin beim Erhitzen nicht zerstört wird, mischt man den Bärlauch am besten roh unter Salate oder andere Speisen. Für Bären ist der Bärlauch nach dem Winterschlaf oft die erste Nahrung. Daher kommt der Name.

Vorkommen	Europa, Asien
Blütezeit	April bis Juni
Blatt	länglich
Familie	Lauchgewächse

BEIFUSS

Die krautige Pflanze – krautig bedeutet, dass sie nicht verholzt – wird bis zu zwei Meter hoch. Sie hat dicke grüne Blätter. An der Unterseite der Blätter finden sich viele feine, gräulich weiße Härchen. Die Blätter werden bis zu zehn Zentimeter lang. Der Beifuss wächst an vielen Wegrändern und auf Geröllplätzen. Die Blüten sind weiß und wachsen in schmalen Rispen.

Wie der Name schon sagt, hilft der Beifuß müden Beinen und Füßen nach langen Wanderungen. Man kann nämlich ein Öl daraus herstellen und sich Füße und Beine einreiben. Beifuß wirkt auch entspannend und kann bei Nervosität und Schlafstörungen als Tee getrunken werden. Obwohl seine Wirkung früher gut bekannt war, ist sie heute weitgehend in Vergessenheit geraten.

Zur Ernte schneidet man die oberen Triebspitzen ab, solange die Blütenknospen noch geschlossen sind. Wenn sich die Blüten geöffnet haben, sind die Blätter bitter.

Vorkommen	Europa, Asien, Amerika
Blütezeit	Juli bis September
Blatt	länglich, dünn
Familie	Korbblütengewächse

BORRETSCH

Der Borretsch ist ein ziemlich borstiger und behaarter Wicht. Die derben Blätter sind dunkelgrün und oval geformt. Sie werden zehn bis 15 Zentimeter lang. Von Mai bis September trägt die Pflanze leuchtend blaue, sternförmige Blüten. Die Borretschblätter riechen stark nach Gurken und schmecken erfrischend und gurkenähnlich.

Nicht weiter erstaunlich also, dass der Borretsch auch Gurkenkraut genannt wird. Aber auch unter den Namen Blauhimmelstern, Herzfreude und Liebäugelein kann er dir über den Weg laufen. Das frische Kraut des Borretschs eignet sich gut für Salate aller Art.

Der Borretsch enthält kleine Mengen von Stoffen, die zwar nicht unbedingt giftig sind, die du aber auch nicht allzu oft essen solltest. Deine Leber verträgt sie nicht so gut. Also: Regelmäßig kannst du Borretsch nicht essen, aber hin und wieder ist es überhaupt kein Problem.

Vorkommen	Europa
Blütezeit	Mai bis August
Blatt	oval
Familie	Raublattgewächse

BREITWEGERICH

Der Breitwegerich hat löffelförmige Blätter, die so groß wie ein Handteller werden können. Er wächst an Wegrändern und in Pflasterritzen. Je nachdem, wie oft auf ihm herumgetrampelt wird, ist der Breitwegerich drei Millimeter bis 30 Zentimeter hoch.

Die Blüten sind sehr unscheinbar und werden vom Wind bestäubt. Die Samen des Breitwegerichs haben eine Hülle, die bei Nässe quillt. Der Samen heftet sich dann zur Verbreitung bei Menschen und Tieren an den Schuhen oder Fußsohlen fest.

Eigentlich stammt der Wegerich aus Europa, aber inzwischen gibt es ihn auf der ganzen Welt. Er wächst am besten dort, wo der Boden durch viele Tritte ganz dicht ist. Bei den nordamerikanischen Indianern heißt der Breitwegerich auch „Fußabdruck des weißen Mannes“. Die frühen Siedlertrecks haben ihn über den ganzen Kontinent verbreitet. Früher benutzte man ihn auch als Heilmittel gegen Zahnschmerzen.

Vorkommen	weltweit
Blütezeit	Juni bis September
Blatt	löffelförmig
Familie	Wegerichgewächse

BRENNNESSEL

Vorkommen	weltweit
Blütezeit	Juni bis Oktober
Blatt	gezackt
Familie	Brennnesselgewächse

Mit der unliebsamen Brennnessel hast du bestimmt schon ungewollt Kontakt gehabt. Einmal berührt, behält man sie doch recht lang in Erinnerung. Um die Brennnessel wird also ein großer Bogen gemacht, obwohl sie eine wichtige Heilpflanze ist und eigentlich einen besonderen Ehrenplatz verdient hätte.

Sie wirkt blutreinigend, blutbildend, blutstillend, fördert den Stoffwechsel, hilft bei Harnwegserkrankungen, Rheumatismus, Gicht, Schuppen, Frühjahrsmüdigkeit, Appetitlosigkeit und Verstopfung. Toll nicht?

Aber, du brauchst ihr gar keinen speziellen Platz zu reservieren. Denn sie ist nicht schüchtern und sucht sich meist schon selbst einen schönen Ort aus. Besonders gern wächst sie dort, wo Menschen leben, da es in vielen Gärten meist sehr nährstoffreiche Böden gibt.

Du kannst sie als Tee trinken, im Salat, in der Suppe oder auch wie Spinat zubereitet essen. Sie schmeckt prima und gibt frische Kräfte.

BUSCHWINDRÖSCHEN

Wenn du im Frühling durch einen Laubwald gehst und dann über einen dicken Blütenteppich wanderst, könnte es sich dabei um Buschwindröschen handeln. Sie haben große, weiße Blüten, die wie Sterne aussehen. Oft leuchten Hunderte weißer Pflanzen im Wald.

Die schönen, zarten Blüten sitzen an sehr dünnen Stängeln und werden daher leicht vom Wind bewegt, was wohl auch zu ihrem Namen geführt hat. Bestäubt werden sie von Bienen und Fliegen; für die Verbreitung des Samens sind vor allem Ameisen zuständig.

Doch diese kleinen Helfer braucht das Windröschen nicht unbedingt. Die Pflanze kann sich durch ihre im Boden wachsenden Wurzelstöcke auch selbst verbreiten.

Diese Wurzelstöcke sind gleichzeitig eine Vorratskammer für das Buschwindröschen. Nach der anstrengenden Blütezeit ist die Vorratskammer fast leer. Den ganzen Sommer über wachsen die Wurzelstöcke und speichern neue Nährstoffe.

Vorkommen	Europa
Blütezeit	März bis Mai
Blatt	eingeschnitten
Familie	Hahnenfußgewächse

CHRISTROSE

Die Christrose hat ihren Namen erhalten, weil sich die ersten Blüten oft schon zur Weihnachtszeit hervorwagen. Ein anderer Name ist Schwarze Nieswurz. Die Bezeichnung Nieswurz erhielt sie deshalb, weil sie auch zur Herstellung von Niespulver verwendet wurde. Weitere Namen sind Christblume oder Schneerose. Früher wurde die Christrose übrigens häufig als Heilpflanze gegen Verstopfung und zur Entwurmung verwendet. Heute ist das glücklicherweise nicht mehr üblich, denn man weiß inzwischen, dass die Pflanze ziemlich giftig ist!

Doch nicht nur dir wird von einer Christrose ziemlich übel, auch viele Tiere wie Hunde, Pferde oder Vögel werden davon krank.

Die Blüten sind weiß oder leicht rötlich und sternförmig. Die Christrose behält ihre grünen Blätter auch im Winter und du kannst sie vor allem an Waldrändern, in Gebüschen oder an anderen halbschattigen Plätzen finden. Die Christrose ist eine tolle Blume für die Vase, denn sie hält sehr lange.

Vorkommen	Europa
Blütezeit	Dezember bis Februar
Blatt	tief eingeschnitten
Familie	Hahnenfußgewächse

DISTEL

Diese struppige, pieksende Pflanze kennst du bestimmt. Die Distel ist keine Schönheit und irgendwie wirkt sie in ihrem Stachelkleid auch etwas abweisend. Es gibt viele unterschiedliche Distelarten; häufig wird dir die Wegdistel begegnen.

Sie erreicht eine Höhe von 30 bis 120 Zentimetern. Ihr Stängel ist sehr stachlig und bis zur Spitze beblättert. Die Blätter sind tief eingeschnitten, grün und an der Unterseite kahl. Die einzelnen Blattabschnitte haben lange, spitze Stacheln. Die Blütenköpfe sind dunkelrosa und kugelig.

Du kannst die Wegdistel auf Feldern oder Schuttplätzen finden und natürlich auch an Wegrändern. Dort wird sie von Bienen oder Hummeln bestäubt. Ihre Früchte werden durch den Wind verbreitet.

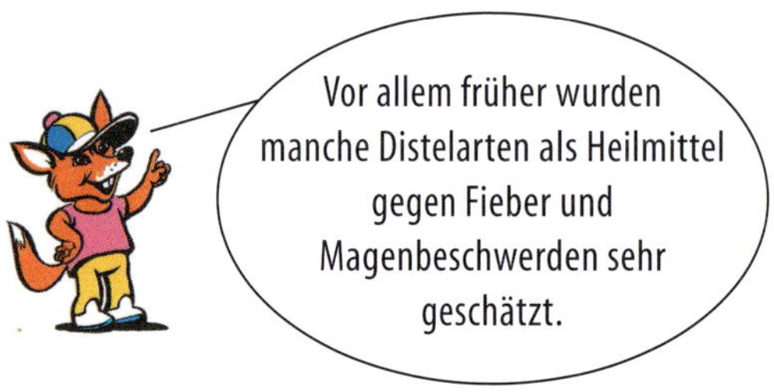

Vorkommen	Europa
Blütezeit	Juni bis September
Blatt	länglich, zackig
Familie	Korbblütengewächse

DOST

Vorkommen	Europa
Blütezeit	Juli bis September
Blatt	eiförmig
Familie	Lippenblütler

Den Namen Dost hast du vermutlich noch nicht gehört, aber du wirst ihn vielleicht schon gegessen haben. In getrockneter Form als Gewürz.

Glaubst du nicht? Oh ja, denn man nennt den Dost auch Wilden Majoran. Die Pflanze kannst du gut erschnuppern, denn sie verrät ihre Anwesenheit durch den intensiven Majorangeruch.

Dost ist eine Staude, die eine Höhe von 50 Zentimetern erreicht. Die Stängel sind braunrot und behaart. Die Blüten wachsen in kleinen Dolden und sind weißlich rosa. Du kannst den Dost an Böschungen, Hecken und in Wäldern finden.

Früher verwendete man den Dost oft auch als Heilpflanze. Die Öl-, Gerb- und Bitterstoffe helfen nämlich bei Magenverstimmung und regen die Verdauung an.

Auch Gärtner schätzen ihn sehr und bauen ihn gern zusammen mit verschiedenen Gemüsesorten an, da er sie vor Mehltau schützt.

EDELWEISS

Das Edelweiß ist in den Bergen zu Hause. Dort versteckt es sich vor allem an felsigen und steinigen Plätzen bis in 3000 Metern Höhe. Die Pflanze wird zwischen drei bis beinahe 20 Zentimeter hoch.

Ihre schöne, sternförmig weiße Blüte ist nur eine Scheinblüte. Die dichten und filzigen Hochblätter sehen aus wie Blütenblätter. Die eigentlichen Blüten sitzen zu Hunderten inmitten des weißen Sterns. Die schönen Scheinblüten halten sich oft bis in den Winter.

Der weiße Schimmer auf den Sternen entsteht durch kleine Luftbläschen an den filzigen Härchen, die das Licht spiegeln. Honig suchende Insekten werden dadurch auf die Blüten aufmerksam gemacht.

Das Edelweiß steht wie viele andere Alpenpflanzen auch unter Naturschutz. Nimm diese Pflanze also bitte nicht mit nach Hause, wenn du sie auf einer Wanderung entdeckst.

Vorkommen	Europa
Blütezeit	Juli bis September
Blatt	länglich
Familie	Korbblütengewächse

EHRENPREIS

Mit bis zu 450 Arten ist der Ehrenpreis sehr artenreich. Auch bei uns gibt es viele unterschiedliche Arten. Häufig kommt bei uns der blaue Gamander-Ehrenpreis vor. Er wird auch Gewitterblümchen genannt, da man früher glaubte, dass durch das Pflücken Regen oder Gewitter hervorgerufen werden konnten.

Der Ehrenpreis ist eine kleinwüchsige, krautige Pflanze mit meist kriechenden oder aufsteigenden Stängeln. Die zarten Blüten sind leuchtend himmelblau.

Einige Ehrenpreisarten wurden vor allem früher auch als Naturheilmittel angewendet. Die daraus gefertigte Arznei schmeckt allerdings ziemlich bitter. Am besten sammelt man die Pflanzen im Sommer, wenn sie in voller Blüte stehen. Aufgüsse aus den gesammelten Blättern werden als Tee getrunken. Aus dem frischen Kraut kann man aber auch Säfte machen.

Vorkommen	Europa, Nordamerika, Asien
Blütezeit	Mai bis August
Blatt	gezackt
Familie	Braunwurzgewächse

EISENHUT

Vom Eisenhut gibt es unterschiedliche Arten. Bei uns wirst du oft den Blauen Eisenhut sehen, der bis zu 1,50 Meter hoch werden kann. Er hat dunkelblaue Blüten, die in einer dichten Traube sitzen. Dem oberen, breiten Blütenblatt, das beinahe aussieht wie ein Helm, verdankt die Pflanze ihren Namen.

Der Blaue Eisenhut wächst auf feuchten Weiden und in höheren Berglagen. In den Alpen findet man ihn bis zu einer Höhe von 2500 Metern.

Alle Arten sind sehr stark giftig! Der Eisenhut ist sogar eine der giftigsten Pflanzen Europas. Schon wenige Gramm der Pflanze können für einen Erwachsenen tödlich sein. Das Gift kann selbst durch die Haut in den Körper gelangen. Also gar nicht erst anfassen, wenn du ihn siehst!

Der Eisenhut wird wegen seiner Form manchmal auch Sturmhut, Helmgiftkraut oder Kappenblume genannt.

Vorkommen	Europa
Blütezeit	Juni bis September
Blatt	handförmig
Familie	Hahnenfußgewächse

ENZIAN

Vorkommen	Europa, Amerika, Asien
Blütezeit	Mai bis August
Blatt	lang
Familie	Enziangewächse

Zu den Enzianen gehören etwa 400 verschiedene Arten, die überwiegend in den Bergen wachsen. Bei uns gibt es etwa 30 Arten, von denen du dir viele bei einem Besuch in den Alpen ansehen kannst.

Der Alpenenzian wächst auf hoch gelegenen Bergwiesen oder auch an Standorten mit Kiesuntergrund. Er wird bis zu neun Zentimeter groß. Die tiefblaue Glockenblüte allein ist dabei schon sechs Zentimeter groß. Du kannst ihn bis in einer Höhe von 2800 Metern finden. Allerdings solltest du ihn nicht als Erinnerung an deine Kraxeltour mitnehmen. Er steht unter Naturschutz und darf nicht gepflückt werden.

Viele Enzianarten haben die bei den Pflanzen seltenen reinblauen Blüten. Deshalb gelten Enziane auch als Symbol der Treue.

Der bekannte Enzianschnaps und verschiedene Arzneimittel werden übrigens nicht aus dem blauen Enzian hergestellt, sondern aus der Wurzel seines Verwandten, dem gelben Enzian.

FINGERHUT

Der Fingerhut liegt im Nähkästchen und man benutzt ihn, um sich beim Knopfannähen nicht in den Finger zu stechen. Was hat der aber dann hier im Naturführer zu suchen? Die Antwort ist einfach: Es gibt da auch noch eine Pflanze, die Fingerhut heißt und die an Waldrändern und Wiesen wächst.

Der Rote Fingerhut ist bei uns am häufigsten zu sehen. Er wird bis zu 1,50 Meter hoch und hat rötliche Blüten, die wie kleine Glöckchen aussehen. Diese werden bis zu fünf Zentimeter lang und hängen in dichten Trauben von den Stängeln herab.

Alle Arten des Fingerhuts sind giftig! Dennoch ist der Fingerhut auch eine bekannte Arzneipflanze: Aus ihm wird ein Stoff gewonnen, den man zur Herstellung von Herzmedikamenten benutzen kann.

Vorkommen	Europa
Blütezeit	Juni bis August
Blatt	länglich
Familie	Braunwurzgewächse

FLOCKENBLUME

Die Flockenblume sieht ein wenig aus wie eine Distel mit einem Federhütchen auf ihrem runden Kopf, ist aber nicht stachlig. Sie bevorzugt sonnige und warme Plätzchen und nicht zu trockenen Boden. Du kannst sie häufig auf Weiden und Wiesen finden.

Ihre auffälligen Blüten locken viele Insekten an, um ihren Nektar zu trinken. Dabei sorgen sie gleichzeitig auch für die Bestäubung. Die Pflanze kann bis zu 80 Zentimeter groß werden. Die dunkelgrünen, häufig leicht behaarten Blätter sind bei einigen Arten eiförmig und ganzrandig, bei anderen wiederum gefiedert.

Vorkommen	Europa, Asien
Blütezeit	Juli bis Oktober
Blatt	eiförmig, gefiedert
Familie	Korbblütengewächse

Es gibt insgesamt etwa 500 verschiedene Flockenblumenarten, die ausschließlich in Europa und Asien vorkommen.

FRAUENMANTEL

Der Name des Frauenmantels rührt von den halbkreisförmigen Blättern her, die wie ein die Pflanze umgebender Mantel aussehen.

Ihre gelbgrünen Blüten sind sehr unscheinbar und wachsen in kleinen Rispen. Der Stängel ist mit feinen Härchen bedeckt.

Den Frauenmantel findest du auf Wiesen, an Waldrändern und an Plätzen mit lehmigem, feuchtem Boden. Auch in Naturgärten wird er gern angepflanzt, vor allem weil er Schnecken überhaupt nicht schmeckt und daher von ihnen verschont bleibt.

Die alten Alchimisten haben die Pflanze im Mittelalter verwendet, um „Zaubertränke“ zu brauen. Sie glaubten, die Pflanze habe magische Kräfte, weil sie am frühen Morgen Wassertropfen an den Blatträndern abgibt. Die Goldmacher dachten auch, dass diese Tropfen die ideale Grundsubstanz zur Herstellung von Gold seien, weil sie in der Sonne so schön glänzten.

Vorkommen	Europa, Asien, Amerika
Blütezeit	Mai bis September
Blatt	halbkreisförmig, eingeschnitten
Familie	Rosengewächse

HEILPFLANZEN

Bei uns gibt es viele Pflanzen, die wir als Heilpflanzen verwenden können. Einige davon kennst du ganz bestimmt schon. Diese Pflanzen können bei vielen Beschwerden helfen. Besonders wichtig ist, dass du auch die richtige Pflanze benutzt und nicht versehentlich einen Doppelgänger. Hier lernst du drei „Zauberpflanzen“ kennen und kannst dich als Kräuterhexe oder Wiesenmagier üben.

1 THYMIAN

Mit Thymian würzt man eigentlich das Essen, aber du kannst noch viel mehr damit machen! Er hilft hervorragend gegen Husten, Schnupfen und Bronchitis. Die ätherischen Öle im Thymian helfen beim Abhusten von Schleim und lassen dich frei atmen. Du kannst ruhig öfter am Tag eine Tasse Thymiantee trinken. Übergieß einfach zwei Teelöffel getrockneten Thymian mit heißem Wasser und lass ihn etwa zehn Minuten ziehen. Ein warmes Thymianbad wirkt bei einer scheußlichen Erkältung auch Wunder.

2 PFEFFERMINZE

Die Pfefferminze kennst du ebenso wie die Kamille als Tee. Pfefferminze enthält ätherische Öle und daher kannst du sie auch als Heilpflanze verwenden. Die Blätter der Pfefferminze helfen gegen Magenschmerzen, Übelkeit oder Erbrechen.

Die Pfefferminze hat Inhaltsstoffe, die krampflösend wirken und deine Übelkeit blitzschnell verjagen. Für einen Tee gegen deine Beschwerden musst du einen Esslöffel getrocknete Pfefferminzblätter mit heißem Wasser übergießen und zehn Minuten ziehen lassen. Trink ruhig mehrmals am Tag eine Tasse.

3 SALBEI

Bei Halsschmerzen und Kratzen im Hals kannst du dir mit Salbei helfen. Vom Salbei werden nur die Blätter verwendet. Sie enthalten ebenfalls ätherische Öle und wirken desinfizierend. Für einen Becher Gurgelsalbei musst du vier oder fünf Blätter Salbei zerkleinern und mit heißem Wasser übergießen. Nach 15 Minuten kannst du dann mit dem Aufguss gurgeln und wirst deine Halsschmerzen ganz schnell wieder los.

FRAUENSCHUH

Vorkommen	Europa, Asien
Blütezeit	Mai bis Juni
Blatt	elliptisch, oft eingedreht
Familie	Orchideengewächse

Die gelben Blüten am Frauenschuh wippen wie kleine Pantoffeln am Stängel. Die braunen Blätter an den Blüten sehen aus wie die dazu passenden Schleifen. Der Frauenschuh kann bis zu 60 Zentimeter hoch werden. Er wächst gern in Laubwäldern oder an stark bewachsenen Berghängen.

Die Blüte des Frauenschuhs ist eine Kesselfalle. Insekten, besonders Bienen, fallen auf der Suche Nektar leicht in den Schuh und kommen dann an den glatten Innenwänden nicht mehr hoch. Der einzige Weg in die Freiheit, der den unfreiwilligen Gästen bleibt, führt am Pollen der Pflanze vorbei, die so ihre Bestäubung sicherstellt.

In den Blüten des Frauenschuhs warten oft farblich perfekt angepasste gelbe Krabbenspinnen auf ihre ahnungslose Beute.

FROSCHLÖFFEL

Der Froschlöffel ist nicht etwa das Besteck der Frösche, um damit die Entengrütze zu verspeisen, sondern eine Sumpfpflanze. Der sehr häufig vorkommende Gewöhnliche Froschlöffel hat feine, kleine, weiße oder blassrosa Blüten, die sich pünktlich zum Mittagessen öffnen. Sie sitzen in Rispen an einem aufrechten Stängel, der bis zu 80 Zentimeter hoch werden kann und keine Blätter besitzt.

Der Froschlöffel steht gern in der vollen Sonne und ist eine sehr beliebte Teichpflanze. Du findest ihn am Ufer von Weihern, Teichen, Tümpeln und Gräben. Dort steht er im flachen Wasser, am liebsten mit den Füßen im Schlamm.

Der Froschlöffel ist giftig. Für den Menschen zwar nicht so sehr, aber für manche Tiere, zum Beispiel Kühe und Schafe, kann er tödlich sein. Früher wurde der Froschlöffel als Heilpflanze benutzt. Seine Blätter und auch seine Wurzeln kamen sogar als Abführmittel zum Einsatz.

Vorkommen	Europa, Asien, Amerika
Blütezeit	Juli bis September
Blatt	löffelförmig
Familie	Froschlöffelgewächse

GÄNSE-BLÜMCHEN

Augenblümchen, Sonnentürchen und Tausendschön – das Gänseblümchen hat viele Namen und vielleicht hast du auch schon einen Kranz aus den kleinen Blüten gewunden.

Das Gänseblümchen ist bestimmt eine der bekanntesten Pflanzen überhaupt. Man sagt ihm ja sogar nach, dass es wahrsagen könnte: Sicherlich kennst du das Spiel „Er liebt mich, er liebt mich nicht …“.

Das Gänseblümchen hat weiße, an den Spitzen oft rosafarbene Zungenblüten und zahlreiche, goldgelbe Röhrenblüten in der Mitte. Es steht und blüht auf fast jeder Wiese und die Blüte schmeckt sogar noch gut. Allerdings darfst du keine Gänseblümchen essen, wenn du eine Allergie gegen Korbblütengewächse, dazu zählen auch die Sonnenblumen und Artischocken, hast.

Vorkommen	Europa
Blütezeit	März bis Oktober
Blatt	oval
Familie	Korbblütengewächse

Gänseblümchen regen den Stoffwechsel an, sind gut für die Haut und die inneren Organe. Als Farbklecks von der Wiese können sie jeden Salat so richtig lecker machen. Das Gänseblümchen blüht fast das ganze Jahr über, in milden Jahren sogar bis in den November. Ernten kannst du es aber am besten im Mai und Juni.

GLOCKENBLUME

Vorkommen	Europa
Blütezeit	Mai bis September
Blatt	häufig länglich oder oval
Familie	Glockenblumengewächse

Auch wenn die Glockenblumen am Abend oder bei Regen ihre Köpfe senken, sind sie keine traurigen Blumen. Sie tun das, damit keine Regen- oder Tautropfen an ihre Pollen geraten und sie auswaschen.

Glockenblumen sind krautige Pflanzen mit blauen, violetten oder weißen Blüten. Ganz selten siehst du vielleicht auch einmal hellgelbe Blüten. Sie sehen aus wie kleine Glöckchen und wiegen sich an den Stängeln im Wind. Sie sonnen sich gern an warmen Plätzchen und lassen vom Wind und von vorbeisurrenden Insekten ihre Samen verbreiten.

Wegen der blauen Farbe und den zarten Blüten haben sich schon viele Dichter Gedanken über diese schöne Blume gemacht. In alten Bilderbüchern werden Feen und Elfen oft mit den Blütenglocken als Hut dargestellt oder sie tanzen mit den Glockenblumen in der Hand einen Reigen.

GOLDRUTE

Auf trockenen Waldwiesen, in hellen Wäldern oder Kahlschlägen wirst du die Goldrute finden. Sie ist eine mehrjährige Pflanze, die jedes Jahr an derselben Stelle wieder auftaucht. Die echte Goldrute wird bis zu einem Meter hoch. Der Stängel wächst gerade und verzweigt sich nur ganz oben. An ihm blühen im Hoch- und Spätsommer viele kleine, leuchtend gelbe Blütenkörbchen.

Die Goldrute ist eine Heilpflanze und enthält Bitterstoffe, Gerbstoffe und ätherische Öle. Sie kann als Tee getrunken oder aber auch als Tinktur oder Kräuterwein angesetzt werden. Sie hilft bei Entzündungen oder Insektenstichen.

Neben der bei uns heimischen Gewöhnlichen Goldrute gibt es noch die Kanadische Goldrute. Diese stammt eigentlich aus Nordamerika, wird aber bei uns gern in Gärten angepflanzt. Da sie aus diesen aber oft entwischt, kann man sie mittlerweile fast überall auch verwildert finden.

Vorkommen	Europa, Nordafrika
Blütezeit	Juli bis August
Blatt	länglich
Familie	Korbblütengewächse

HAUSWURZ

Die Hauswurz ist eine robuste Pflanze mit dicken Blättern, die bis zu 60 Zentimeter groß werden kann. In den dickfleischigen Blättern speichert die Pflanze Wasser. So kann sie auch lange Trockenzeiten überstehen. Die Blätter sind grau bis bläulich grün und an den Spitzen rotbraun. Zur Blütezeit schießt die Pflanze in die Höhe und bringt an der Spitze mehrere Blüten hervor. Die sternförmigen Blüten sind blassrot und in der Mitte kräftig rot. Die Früchte öffnen sich im Sommer und verbreiten ihre Samen.

Die Hauswurz ist eine alte Zauberpflanze. Einige Menschen glauben noch heute, dass sie ein Haus vor Blitzeinschlägen schützen kann. An manchen Orten verbrannte man früher bei großen Unwettern Hauswurz. Auf Viehställe gepflanzt sollte sie dafür sorgen, dass die Tiere nicht krank werden. Eine Hauswurz auf dem Hausdach sollte Glück bringen.

Die Hauswurz wächst am liebsten auf sonnenbeschienenen Felsen und steinigen Berghängen.

Vorkommen	Europa, Asien, Nordafrika
Blütezeit	Juli bis September
Blatt	dick, spitz
Familie	Dickblattgewächse

HEIDEKRAUT

Vorkommen	Europa, Asien, Amerika
Blütezeit	August bis Oktober
Blatt	länglich, kurz
Familie	Heidekrautgewächse

Das Gemeine Heidekraut wird auch Besenheide genannt und ist ein niedriger, verholzender und immergrüner Zwergstrauch. Er wird selten höher als 50 Zentimeter. An seinen kleinen Ästen liegen die kurzen Blätter schuppenförmig an.

Die Besenheide blüht vom Spätsommer bis in den Herbst hinein mit leuchtenden, rosa- bis purpurfarbenen Blüten. Du kannst die Besenheide an sonnigen und hellen Plätzen finden. Sie wächst am liebsten in Mooren, auf Heiden oder in hellen Wäldern. Sie ist jedoch eine so widerstandsfähige Pflanze, dass sie auch in kargen Sanddünen oder sogar an Stellen zu finden ist, an denen dauerhaft starker Wind weht.

Dort, wo das Heidekraut einmal wächst, kommt es meistens in größeren Mengen vor und ist dann eine tolle Bienenweide. Die Besenheide wird auch als Heilpflanze bei Gicht, Rheuma oder Gallenbeschwerden benutzt.

HERBSTZEITLOSE

Bis in den Oktober hinein treibt die Herbstzeitlose mit ihren rosa- und hellviolettfarbenen Blüten. Die trichterförmige Blüte sitzt auf der Blütenröhre. Diese wächst aus der 15 bis 20 Zentimeter tief in der Erde sitzenden Zwiebelknolle. Die Blätter kannst du erst im Frühjahr sehen.

Die Herbstzeitlose wächst auf feuchten Wiesen und Weiden. Da die Pflanze im Herbst blüht, erhielt sie den Namen Herbstzeitlose. Sie wurde aber früher auch Herbstvergessene und Zeitlose genannt. Weitere Namen, unter denen du die Pflanze finden kannst, sind Herbstlilie, Wintersafran, Michelsblume und Winterhauch.

Leider ist diese Blume nicht nur schön, sondern auch sehr giftig! Das Gift befindet sich in den Samen und Blättern, heißt Colchicin und kann sehr schnell zum Tod führen! Also Vorsicht! Als tödliche Dosis gelten bei Erwachsenen etwa fünf Gramm Samen oder 50 Gramm Blätter, bei Kindern reichen schon sehr viel kleinere Mengen.

Vorkommen	Europa, Asien
Blütezeit	September bis Oktober
Blatt	länglich
Familie	Zeitlosengewächse

HUFLATTICH

Der Huflattich ist eine krautige Pflanze und wird bis zu 30 Zentimeter hoch. Schon früh im Jahr, wenn die Tiere gerade aus ihrem Winterschlaf aufwachen und sich in den ersten warmen Sonnenstrahlen räkeln, erscheinen seine gelben, korbförmigen Blüten. Erst wenn diese verblüht sind, kommen auch die Laubblätter.

Die Blätter haben nur einen leichten Geruch und sind hufförmig; daher hat der Huflattich seinen Namen. Die Unterseite der Blätter ist weich und filzig.

Die Blüten des Huflattichs duften nach Honig und locken mit dem süßen Hauch Bienen, Käfer und Fliegen an, um sie zu bestäuben. Bei schlechtem Wetter bleiben die Blüten geschlossen.

Der Huflattich verbreitet seine Samen mit der Hilfe kleiner „Fallschirmchen". Genau wie bei der Pusteblume fliegen sie dann mit dem Wind davon.

Vorkommen	Europa
Blütezeit	März bis April
Blatt	hufförmig
Familie	Korbblütengewächse

IGELKOLBEN

Wenn du irgendwo aus einem sumpfigen Tümpel einen winzigen Igel aus dem Wasser ragen siehst, bist du dir vielleicht nicht ganz sicher, was der da gerade macht. Du versuchst, ihn vor dem Ertrinken zu retten, und stellst bei genauerem Hinsehen dann fest: Das ist ja gar kein Igel, der tut bloß so.

Du hast die Bekanntschaft mit einem Igelkolben gemacht. Diese Sumpfpflanze kann bis zu 50 Zentimeter hoch werden und ihre Fruchtstände sehen aus wie kleine, grüne Babyigel. An der Sumpfpflanze sind männliche und weibliche Blüten voneinander getrennt. Die männlichen Blüten sitzen oben, die weiblichen unten am Stängel. Die reifen Früchte bilden dann eine igelförmige Kugel mit Spitzen, die nach außen zeigen. In den Früchten sitzen die einzelnen Samen.

Den Igelkolben findest du in breiten und flachen Gewässern mit schlammigem Boden.

Vorkommen	Europa, Asien
Blütezeit	Juni bis August
Blatt	länglich
Familie	Igelkolbengewächse

IRIS

Vorkommen	Europa, Asien, Amerika
Blütezeit	Mai bis August
Blatt	lang
Familie	Schwertliliengewächse

Die Iris wird auch Schwertlilie genannt und hat ihren schönen Namen nach einer Göttin bekommen. Sie wurde nach der griechischen Göttin des Regenbogens, die Iris heißt, benannt. Die verschiedenen Irisarten haben alle eines gemeinsam: Sie besitzen auffällige, wunderschöne Blüten.

Die Iris ist eine mehrjährige, krautige Pflanze, die aus einer Zwiebel herauswächst. Die schönen Blüten sind Zwitter, also männlich und weiblich zugleich. Die sechs Blütenblätter sehen zusammen aus wie eine kleine Trompete. Die befruchteten weiblichen Blütenteile bilden Früchte, die in Kapseln stecken und aufplatzen, wenn sie reif sind.

Die Schwertlilien breiten sich durch Samen im Herbst aus. Man kann sie aber auch durch Teilung der Zwiebeln im Spätsommer vermehren.

JOHANNIS-KRAUT

Auf der ganzen Welt gibt es mehr als 370 verschiedene Arten von Johanniskräutern. Das Echte Johanniskraut wird seit über 2000 Jahren als Heilpflanze verwendet.

Im Mittelalter wurde es als starkes Mittel gegen traurige Gedanken benutzt. Auch bei vielen heidnischen Festen wurde das Johanniskraut als Zauberkraut eingesetzt. In den leuchtend gelben Blüten vermuteten die Menschen die eingefangene Kraft der Sonne, die böse Geister vertreiben konnte. Auch heute wird sie noch als Heilpflanze bei Nervosität, Schlafstörungen, Rückenschmerzen oder auch bei Herzbeschwerden eingesetzt.

Wenn du die Blätter im Gegenlicht ansiehst, wirkt es so, als ob sie durchscheinend wären. Das kommt dadurch, dass sie mit lichtbrechendem Öl gefüllt sind.

Da die Pflanze im Juni blüht, also um den Namenstag Johannes des Täufers am 24. Juni, hat man sie Johanniskraut genannt.

Vorkommen	weltweit
Blütezeit	Juni bis Juli
Blatt	länglich
Familie	Johanniskrautgewächse

KAMILLE

Die Kamille ist bestimmt die bekannteste und meist benutzte Heilpflanze. Wenn du erkältet bist, hast du vielleicht auch schon ein Dampfbad mit den Blüten der Kamille gemacht oder Kamillentee getrunken. Aber Vorsicht, es gibt da auch einen falschen Doppelgänger, die Hundskamille. Diese hat überhaupt keine Wirkung und riecht auch noch ziemlich unangenehm. Die Echte Kamille lässt sich daran erkennen, dass sie ein stark gewölbtes, hohles Blütenköpfchen hat, während das der Hundskamille flach und gefüllt ist. Diesen Unterschied kannst du am besten feststellen, wenn du das Köpfchen etwas zerpflückst.

Beim Sammeln der Kamille solltest du nur die Kamillenköpfe verwenden. Wenn du sie trocknest, die Blütenblätter abzupfst und sie dann in einem dicht schließenden Glas aufbewahrst, hält sie etwa ein Jahr.

Du kannst die getrockneten Köpfe mit heißem Wasser übergießen und Tee kochen oder ein heißes Bad daraus machen. Wenn du Halsschmerzen bei einer Erkältung hast, kannst du mit dem kalten Tee gurgeln.

Vorkommen	Europa
Blütezeit	Mai bis August
Blatt	fiedrig
Familie	Korbblütengewächse

KAPUZINER-KRESSE

Die Kapuzinerkresse hat grüne, glatte Blätter und leuchtend orangerote, trichterförmige Blüten. Die Blüten, Blätter und Samen sind essbar und haben einen leicht pfeffrigen Geschmack.

Nicht nur in der Küche, sondern auch als Heilpflanze ist die Kapuzinerkresse beliebt. Sie wirkt desinfizierend und enthält sehr viel Vitamin C.

Die Kapuzinerkresse stammt ursprünglich aus den Urwäldern Südamerikas. Sie wächst bei uns nur ein Jahr und muss dann neu gesät werden. In ihrer Heimat können die einzelnen Pflanzen aber um einiges älter werden und eine beträchtliche Größe erreichen.

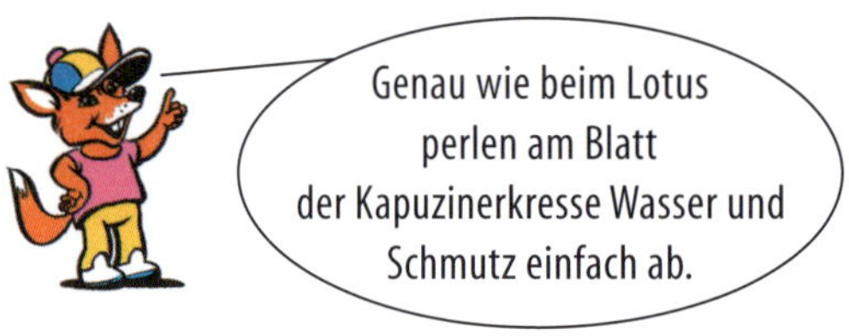

Vorkommen	Europa, Südamerika
Blütezeit	Mai bis September
Blatt	rundlich
Familie	Kapuzinerkressegewächse

KLATSCHMOHN

Vorkommen	Europa, Amerika, Asien, Nordafrika
Blütezeit	Mai bis August
Blatt	behaart, gefiedert
Familie	Mohngewächse

Der Klatschmohn fällt dir sofort durch seine leuchtend roten Blüten auf. Aus einem Kornfeld heraus oder am Wegesrand strahlt er dir ab Mai entgegen. Aber lass ihn stehen, auch wenn er noch so schön aussieht, denn als Strauß gepflückt hält er in der Vase nur wenige Stunden.

Der Klatschmohn bevorzugt warme, sonnige und trockene Plätze und wächst auf nährstoffreichen Böden. Er säht sich selbst aus und erscheint jedes Jahr wieder.

Der Klatschmohn wird bis zu 80 Zentimeter hoch und wächst an einem dünnen, wenig verzweigten, aber behaarten Stängel. Am Ende des Stängels bildet sich eine einzelne Blüte. Sie ist fünf bis zehn Zentimeter groß und wie zu Anfang bereits gesagt knallrot. Später entsteht eine Samenkapsel, in der sich Hunderte sehr kleiner, dunkler Mohnkörner befinden. Durch den Wind werden diese Samenkörner fortgetragen.

Früher war der Klatschmohn eine beliebte Heilpflanze und seine Kronblätter wurden zur Herstellung von roter Tinte benutzt.

KLEE

Vorkommen	Europa
Blütezeit	Mai bis September
Blatt	oval
Familie	Schmetterlingsblütler

Auch du hast mit Sicherheit schon auf einer Wiese nach einem vierblättrigen Kleeblatt als Glücksbringer gesucht, oder etwa nicht? Der Wiesenklee hat eigentlich nur dreizählige Blätter, aber manchmal findet man auch vierzählige.

Die Blättchen sind oval, wobei das mittlere länger gestielt ist als die anderen. Die rosa oder roten Blütenköpfchen sind kugelig und duften. Der Klee wird bis zu 30 Zentimeter hoch. Da er sehr viel Eiweiß enthält, ist er für die Landwirtschaft auch eine wichtige Futterpflanze.

Hummeln und Bienen bestäuben den Klee und die fleißigen Ameisen sorgen dafür, dass sich auch die Samen verbreiten.

Du kannst nach deinem Glück vor allem auf üppigen Wiesen, an Wegrändern oder in hellen Wäldern suchen.

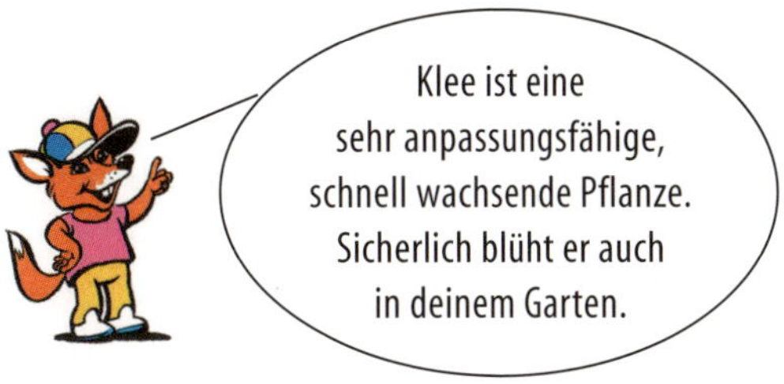

KÖNIGSKERZE

Die Echte Königskerze hat noch viele andere Namen. Du kannst sie unter Marienkerze, Frauenkerze, Wollblume, Himmelsbrand, Fackelkraut, Wetterkerze, Feldkerze oder Brennkraut antreffen.

Die Königskerze wird bis zu 150 Zentimeter hoch und ist mit ihren gelben Blüten eine ziemlich auffällige Pflanze. Du findest sie an sonnigen, steinigen und trockenen Wegrändern, in Kiesgruben, auf Lichtungen und an steinigen Uferböschungen. Sie ist eine Heilpflanze, die schon sehr lange bekannt ist.

Früher glaubten die Menschen sogar, dass sie mithilfe der Königskerze eine Wettervorhersage für den kommenden Winter machen könnten. Wenn die Blütenstände nur wenig besetzt waren, sollte es im kommenden Winter nur wenig schneien, wenn die Blütenstände dicht mit Blüten besetzt waren, sollte es ein langer, schneereicher Winter werden.

Vorkommen	Europa, Asien
Blütezeit	Juli bis September
Blatt	länglich
Familie	Braunwurzgewächse

KORNBLUME

Die Kornblume wurde früher als Ackerunkraut bekämpft. Dabei war man so erfolgreich, dass die Pflanze fast ausgestorben ist. Daher steht sie inzwischen unter Naturschutz. Ihre leuchtend blauen Blüten kannst du heute eher in Gärten als auf Kornfeldern finden.

Als Heilpflanze war sie schon in der Antike bekannt und im Mittelalter galt sie sogar als Mittel gegen Pest. Das war allerdings ein Aberglaube, denn sie konnte natürlich nichts gegen diese Epidemie ausrichten.

Die Kornblume enthält Bitter- und Gerbstoffe, die sie vor allem zu einer Heilpflanze gegen Probleme mit der Verdauung gemacht haben. Sie kann jedoch auch Hautprobleme lindern und bei Husten und Mundschleimhautentzündungen helfen. In Teemischungen wird sie zugesetzt, weil sie eine so tolle blaue Farbe hat.

Die Blätter der Kornblume sind sehr schmal, länglich und laufen am Ende spitz zu. An ihrer Unterseite befinden sich viele feine Härchen. Auch die Samen sind behaart und werden durch den Wind weiterverbreitet.

Vorkommen	Europa
Blütezeit	Juni bis September
Blatt	länglich
Familie	Korbblütengewächse

KROKUS

Die Krokusse sind bunte Frühlingsboten, die mit ihren wunderschönen farbigen Blüten mit der ersten Sonne um die Wette leuchten. Krokusse sind ziemlich klein und werden nur etwa zehn Zentimeter hoch. Sie wachsen aufrecht und es gibt sie in zahlreichen unterschiedlichen Sorten. Du kannst sie in Gelb, Weiß, Rosa und sogar mehrfarbig finden. Ihre Blüten sehen wie kleine Becher aus.

Krokusse vermehren sich ganz von allein. Einige Arten bilden Samen, über die sie sich verbreiten. Ein wahrer Vermehrungskünstler ist der hellviolette Krokus, der auch Elfenkrokus genannt wird. Er blüht ab Ende Januar und kann riesige Krokuskolonien bilden. Er ist hervorragend für naturnahe Gärten geeignet und auch leider fast die einzige Krokusart, die du noch in freier Natur finden kannst. Die anderen Krokusarten werden meist in Parkanlagen und Gärten angepflanzt.

Vorkommen	Europa
Blütezeit	Januar bis März
Blatt	lang
Familie	Schwertliliengewächse

KÜCHEN-SCHELLE

Die Küchenschelle ist nicht etwa eine Klingel, die läutet, wenn das Essen fertig ist, sondern eine Blütenpflanze. Die halb geschlossenen Blüten sehen aus wie Glöckchen oder Schellen, daher kommt der Name.

Die Küchenschelle ist eine niedrige, krautige Pflanze, die bis zu 40 Zentimeter hoch wird. Sie ist einfallsreich und verbreitet sich auf unterschiedliche Weise. Meist trägt der Wind die Samen weiter. Da an diesen noch der bis zu fünf Zentimeter lange, dicht behaarte Griffel als eine Art Segel sitzt, können die Samen bis zu 100 Meter weit fliegen.

Bei nassem Wetter haften manchmal aber auch die Früchte am Fell vorbeistreifender Tiere und werden so weiterverbreitet. Die Früchte bohren sich dann mit ihren scharfen Spitzen in den Boden und keimen dort.

Du kannst die Küchenschelle an warmen, nährstoffarmen Stellen und selten auch in hellen Kiefernwäldern finden. Sie ist allerdings selten geworden und steht daher unter Naturschutz.

Vorkommen	Europa
Blütezeit	März bis Mai
Blatt	fiedrig
Familie	Hahnenfußgewächse

LEBER-BLÜMCHEN

Das Leberblümchen wird bis zu 25 Zentimeter groß. Seine Laubblätter besitzen die Form einer Leber, sind langstielig und haben an der oberen Seite Flecken. Die Blüten sind tief blau. Manchmal kommen aber auch Pflanzen mit weißen oder roten Blüten vor.

Bei Regenwetter und am Abend schließen sich die Blüten. Das freundliche Leberblümchen ist eine wichtige Nahrungsquelle für Bienen und Käfer. Da die Samen sehr ölhaltig sind, werden sie von den Ameisen davongetragen.

Das Leberblümchen steht unter Naturschutz und darf nicht gepflückt oder ausgegraben werden. Außerdem ist es giftig! Die Pflanze wurde früher bei Bronchitis, Entzündungen der Luftwege und bei Erkrankungen von Leber, Milz und Nieren als Heilpflanze angewendet.

Vorkommen	Europa, Asien
Blütezeit	März bis April
Blatt	leberförmig
Familie	Hahnenfußgewächse

LERCHENSPORN

Es gibt etwa 300 verschiedene Lerchenspornarten, die alle auf der nördlichen Halbkugel zu Hause sind. Besonders oft findest du bei uns zum Beispiel den Hohlen Lerchensporn, der auch Zottelhose genannt wird. Die gesamte Pflanze einschließlich Wurzelknolle ist giftig!

Wenn du Lerchensporn versehentlich isst, wird dir davon ziemlich übel und du bekommst Magen- und Darmbeschwerden. Früher wurde die Pflanze daher als Brechmittel verwendet.

Der Hohle Lerchensporn ist eine mehrjährige, krautige Pflanze, die bis zu 30 Zentimeter groß wird. Der unverzweigte Stängel steht einzeln und hat häufig zwei Blätter. Die Blätter sind doppelt dreizählig und eingeschnitten. Die zarten Blüten sind rot, violett oder weiß und wachsen üppig in dicken Trauben.

Der Hohle Lerchensporn wächst in Laubwäldern, in Gebüschen und Weinbergen. Er braucht nährstoffreichen und lockeren Lehmboden. Die Pflanze findest du selten, aber wenn sie sich irgendwo angesiedelt hat, kommt der Lerchensporn oft in großer Zahl vor.

Vorkommen	Europa, Nordamerika, Asien
Blütezeit	März bis April
Blatt	eingeschnitten
Familie	Erdrauchgewächse

LÖWENMÄULCHEN

Vorkommen	Europa, Afrika
Blütezeit	Juni bis Oktober
Blatt	länglich
Familie	Braunwurzgewächse

Das Löwenmäulchen hat krautige, aufrecht wachsende Stängel. Es blüht in den schönsten Farben bis zum Frostbeginn im Herbst. Wenn du eine Blüte der Pflanze zwischen deinen Fingern leicht zusammendrückst, dann öffnet sie sich wie ein Mäulchen.

Das Löwenmäulchen ist ein Einwanderer und stammt eigentlich aus Südafrika. Es erreicht eine Höhe von bis zu einem Meter. Die Blüten können die unterschiedlichsten Farben haben und gelb, lila, orange, rosa oder rot sein.

Das Löwenmäulchen ist eine beliebte Nahrungsquelle für Hummeln, denn nur großen und kräftigen Fluginsekten gelingt es, die Blüten auseinanderzudrücken und so an den leckeren Blütenstaub heranzukommen.

LÖWENZAHN

Dem Löwenzahn oder der Pusteblume hast du doch bestimmt auch schon geholfen, sich zu vermehren. Ihre Samen mit den kleinen Fallschirmchen daran fliegen mit dem Wind davon, wenn du sie vom Stängel pustest.

Der Gewöhnliche Löwenzahn ist eine mehrjährige Blume, die bis zu 60 Zentimeter groß wird. Der Stängel ist hohl und wenn du den Löwenzahn abpflückst, kannst du die weiße Milch darin sehen. Am Ende des Stängels steht das gelbe Blütenköpfchen. Es ist nur bei Sonnenlicht geöffnet, sonst schläft es. Der Löwenzahn hat sehr lange Wurzeln, die sich bis zu zwei Meter tief in die Erde graben können.

Vorkommen	Europa, Asien, Nordamerika
Blütezeit	April bis Oktober
Blatt	eingeschnitten
Familie	Korbblütengewächse

Der Löwenzahn ist eine sehr robuste und widerstandsfähige Pflanze. Er wächst schnell wieder nach und du findest ihn vor allem an sonnigen und hellen Plätzen wie Wiesen- und Ackerrändern. Besonders im Frühjahr kannst du ganze Wiesen voller Löwenzahn sehen.

FOTOSYNTHESE

Alle Pflanzen brauchen Nahrung zum Leben, genau wie du auch. Die Pflanzen haben sich für ihre Versorgung einen tollen Trick ausgedacht, der Fotosynthese heißt.

Dabei wandeln die Pflanzen das Kohlendioxid, das auch wir Menschen täglich massenweise ausatmen, mit der Hilfe von Licht und Wasser in Zucker um. Den Zucker benutzt die Pflanze dann zum Wachsen und Blühen und baut ihn dabei langsam wieder ab.

Damit die Pflanze aus Kohlendioxid, Wasser und Licht Zucker herstellen kann, besitzt sie einen grünen Blattfarbstoff, den man Chlorophyll nennt. Neben Zucker wird bei der Fotosynthese als Abfallprodukt glücklicherweise auch noch Sauerstoff frei, den wir bekanntlich zum Atmen brauchen.

So funktioniert die Fotosynthese:

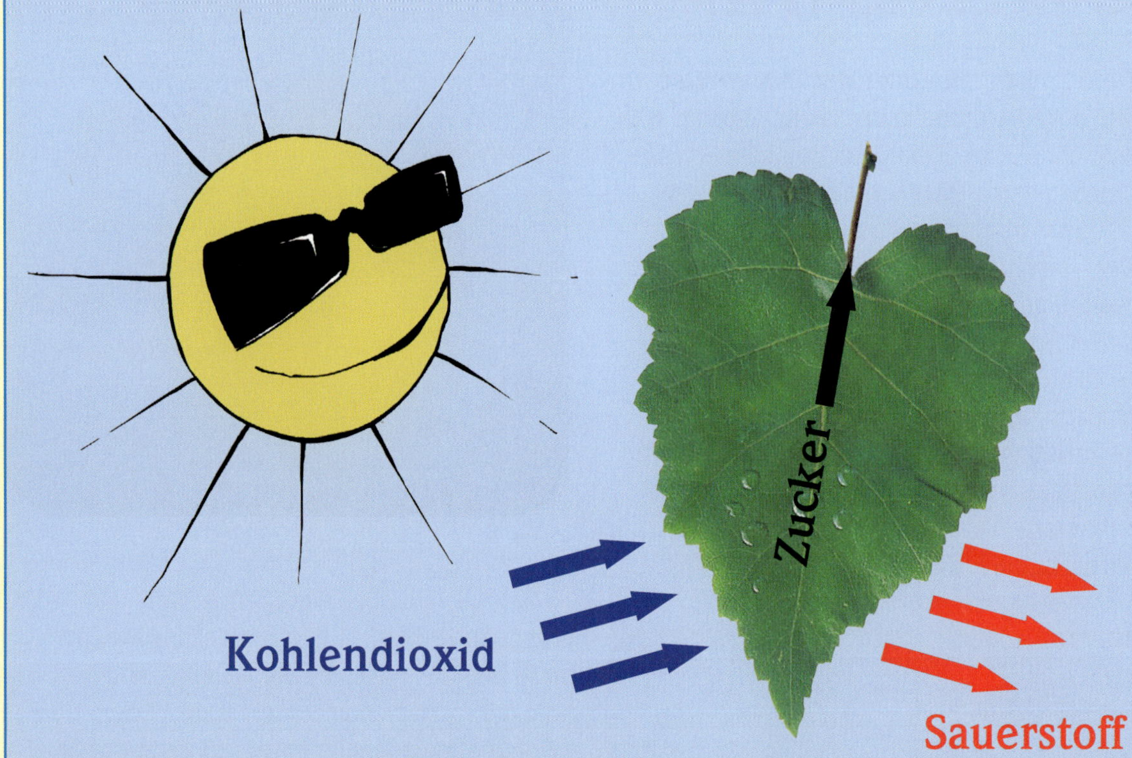

MÄDESÜSS

Das Mädesüß kannst du auch unter vielen anderen Namen finden. Die Pflanze war schon immer als Naturmedizin sehr beliebt und so haben sich im Laufe der Zeit die unterschiedlichsten Namen angesammelt. Geißbart, Spierstaude oder Wiesenkönigin sind nur einige davon.

Das Mädesüß ist eine Staude, die bis zu 1,50 Meter hoch wachsen kann. Die oben kahlen und unten behaarten Laubblätter sind gefiedert. Die weißen Blütenrispen der „Königin der Wiese“ leuchten dir an Bachrändern und auf feuchten Wiesen ab Juni entgegen. Ihr Duft ist sehr schwer und riecht ein wenig nach Marzipan.

Wenn du eine schwere Erkältung und Fieber hast, kann dir diese Pflanze wunderbar helfen. Sie wirkt nämlich fiebersenkend und schmerzlindernd und gehört zu den wenigen natürlichen Schmerzmitteln, die auch heute noch gern eingesetzt werden.

Vorkommen	Europa
Blütezeit	Juni bis Juli
Blatt	gefiedert
Familie	Rosengewächse

MAIGLÖCKCHEN

Das Maiglöckchen hat hübsche weiße Blüten, die wie kleine Glöckchen aussehen. An einem Maiglöckchenstängel kannst du zwischen fünf und 13 Glöckchen zählen. Die Blüten wachsen alle in eine Richtung und riechen sehr intensiv. Aber auch wenn das Maiglöckchen noch so schön ist, es ist auch eine unserer giftigsten Pflanzen!

Es blüht im Mai und im Juni. Zwischen Juli und August erscheinen dann die roten Maiglöckchenbeeren, in denen auch die Samen enthalten sind.

Die Blätter entspringen direkt aus der Wurzel. Das Maiglöckchen sieht dem Bärlauch vom Blatt her sehr ähnlich. Sei also bitte vorsichtig und verwechsle die beiden nicht miteinander! Unterscheiden kannst du sie eindeutig mit einem Geruchstest! Die leckeren Bärlauchblätter riechen stark nach Knoblauch.

Vorkommen	Europa
Blütezeit	Mai bis Juni
Blatt	länglich
Familie	Maiglöckchengewächse

MAJORAN

Majoran ist ein sehr beliebtes Gewürz, um schwere Gerichte bekömmlicher zu machen. Berühmt wurde der Majoran als Zutat für die Wurst. Daher kommen auch seine anderen Namen Bratenkräutel, Blutwürze oder Wurstkraut. Bereits die alten Ägypter bauten den Majoran gern an und die Römer würzten sogar ihren Wein damit.

Der Majoran wird bis zu 50 Zentimeter hoch, ist stark verzweigt und hat kleine Blätter. Die Blüten stehen in dichten Büscheln zusammen und sind rötlich, bläulich oder fast weiß. Du kannst den Majoran an Weg- und Waldrändern und auf sonnigen Hängen finden.

Der Majoran wirkt als Heilkraut krampflösend und entspannend. Er wird bei Blähungen, Appetitlosigkeit, Magenbeschwerden, Bronchitis, Rheuma, Gicht, Schlafstörungen und Zahnfleischbluten angewendet.

Vorkommen	Europa, Asien, Nordafrika
Blütezeit	Juli bis September
Blatt	rundlich, klein
Familie	Lippenblütler

MARGERITE

Die Margerite kennst du ganz bestimmt, denn sie wächst auf vielen Wiesen. Ihre schönen weißen Köpfe leuchten aus dem Grün heraus und du kannst sie sehr schnell erkennen. Sie wächst nie allein, sondern immer in Gemeinschaft mit vielen anderen Margeriten zusammen.

Am liebsten steht die Margerite auf hellen Wiesen, die aber nicht zu feucht sein dürfen. Nasse Füße mag sie nämlich gar nicht. Sie kann bis zu einen Meter hoch wachsen und endet in einem Blütenköpfchen.

Die Margerite ist ein Eroberer. Neu angelegte Wiesen nimmt sie ganz schnell in großen Gruppen in Beschlag. Das liegt an ihrer Art, sich zu vermehren, denn mit ihren tiefen Wurzeln kann sie sich sehr schnell ausbreiten.

Ein großer Fan der Margerite ist die Krabbenspinne, die sich auf ihr besonders gut tarnen kann. Meist hängt sie direkt unter dem breiten Blütenköpfchen.

In der Medizin wurde die Margerite früher zur Behandlung von Erkältungen oder aber auch zur Wundheilung benutzt.

Vorkommen	Europa, Nordamerika
Blütezeit	Mai bis Oktober
Blatt	zungenförmig
Familie	Korbblütengewächse

MEERSALAT

Eine leckere Schüssel frisch geernteter Salat direkt aus dem Meer, hmm lecker! Wie, gibt es nicht? Aber klar doch!

Vorkommen	weltweit
Blütezeit	keine
Blatt	gewellt
Familie	Grünalgen

Der Meersalat heißt nicht nur so, du kannst ihn tatsächlich essen. Er ist eine sehr gesunde Alge, die ein wenig wie ein Salatblatt aussieht und viel Magnesium, Kalzium, Vitamin A und Vitamin C enthält.

Den Meersalat kannst du an der Gezeitenzone der Meere finden. Er sitzt mit einem kurzen Stiel auf Steinen und manchmal auch auf Muscheln. Der Meersalat braucht viel Sonnenlicht und überlebt daher nur bis zu einer Tiefe von 15 Metern.

Der tiefgrüne Tang kann bis zu 80 Zentimeter lang werden. Er ist blattartig, gewellt und der Rand sieht oft eingerissen aus.

Geerntet wird der leckere und nährstoffreiche Meersalat zwischen März und November.

NACHTKERZE

Die Nachtkerze ist meist nicht zu übersehen und wächst am liebsten dort, wo es etwas unordentlich ist. An Bahndämmen entlang der Straßen oder auf Schutthalden und in Steinbrüchen fühlt sie sich wohl. Allerdings kannst du ihre volle Schönheit erst bewundern, wenn es dunkel wird. Ihre Blüten öffnen sich erst in der Abenddämmerung und sind meist schon bis zum nächsten Mittag verblüht. Die Blüten sind gelb und duften sehr stark.

Die Nachtkerze wird etwa einen Meter hoch und wächst aus einer am Boden liegenden Rosette. Bestäubt wird die Pflanze zum Beispiel von den Nachtfaltern.

Ursprünglich kommt sie aus Nordamerika und bei den dort lebenden Indianern waren ihre Heilkräfte schon lange bekannt. Sie war das Geheimmittel für Kraft und Gesundheit. Die wichtigsten Inhaltsstoffe der Nachtkerze sind im Öl der Samen enthalten.

Vorkommen	Europa, Nordamerika
Blütezeit	Juni bis September
Blatt	länglich
Familie	Nachtkerzengewächse

NARZISSE

Die Narzisse wird auch sehr häufig Osterblume oder Osterglocke genannt. Sie blüht – wen wundert es – zur Osterzeit. Die gelben oder weißen Blüten haben sechs äußere Blütenblätter und innen eine weitere Blütenkrone.

Es gibt Narzissen in vielen unterschiedlichen Formen und Größen: Von winzig klein bis fast 80 Zentimeter hoch kannst du sie in Gärten, Parkanlagen oder als wilde Blumen in Wäldern und auf Wiesen finden. Häufig wirst du sie auch neben den Tulpen als Schnittblumen vor einer Gärtnerei entdecken.

Ihren Namen hat die Blume einer griechischen Erzählung zu verdanken. Narziss war ein griechischer Jüngling, der so schön war, dass sich alle Elfen und Waldnymphen in ihn verliebten. Er war aber auch sehr eingebildet und erwiderte ihre Liebe nicht. Da beschlossen die Götter, ihn zu bestrafen. Als er wieder einmal sein Spiegelbild in einem See betrachtete, war er so begeistert von seiner eigenen Schönheit, dass er sich selbst umarmen wollte. Dabei fiel er natürlich ins Wasser und ertrank. Der tote Narziss wurde verbrannt und zurück blieb nur eine bestimmte Blume, die Narzisse.

Vorkommen	Europa
Blütezeit	April bis Mai
Blatt	lang
Familie	Amaryllisgewächse

NELKE

Nelken gibt es in den unterschiedlichsten Formen und Farben. Einige werden besonders gern als Zierblumen im Garten gezüchtet, zum Beispiel die Bartnelke.

Die Bartnelke ist eine mehrjährige, krautige Pflanze, die etwa 50 Zentimeter groß wird.

Wenn du sie im Garten pflanzt, musst du aber bis zum nächsten Jahr warten, bis die Blütenstände gebildet werden. Die Blätter sind dunkelgrün und länglich. Die Bartnelke pflanzt man am besten in Gruppen von mehreren Pflanzen an, denn so kommen die tollen weißen, roten oder rosa Blüten besonders gut zur Geltung. Die Blüten duften gut, schnuppere mal dran!

Die Nelken brauchen ein sonniges Plätzchen und lockeren Boden, dann wachsen und blühen sie, was das Zeug hält.

Vorkommen	Europa, Asien
Blütezeit	Juni bis September
Blatt	schmal
Familie	Nelkengewächse

Nelken eignen sich gut als Schnittblumen und halten sich auch in der Vase sehr lange.

PFEFFERMINZE

Die Pfefferminze ist eine der vielen verschiedenen Minzearten, die wild wachsen und die du bei uns finden kannst. Daneben gibt es auch noch die Ackerminze, die Bachminze und die Frauenminze.

Die Pfefferminze ist eine unserer bekanntesten Heilpflanzen und wird auch gern als Gewürz verwendet. Du kennst ihren Geschmack sicherlich vom Pfefferminztee. Aber weißt du auch, wie du sie in der freien Natur erkennst?

Die wilde Pfefferminze ist eine mehrjährige Pflanze, die bis zu einem Meter groß wird. Die Blätter sind oval und duften stark. Die Blüten sind dunkelblaulila.

Die typische Pfefferminze mit den starken Heilkräften, die du getrocknet in der Apotheke kaufen kannst, ist allerdings eine sogenannte Kulturpflanze, das bedeutet, sie wurde extra gezüchtet und angebaut.

Übrigens: In der Gemeinde Eichenau bei München gibt es ein Pfefferminzmuseum.

Vorkommen	Europa, Asien, Amerika
25Blütezeit	Juni bis August
Blatt	oval
Familie	Lippenblütler

PRIMEL

Zur großen Familie der Primelgewächse gehören Hunderte verschiedener Arten. Die Primel wird dir vielleicht auch als Schlüsselblume vorgestellt werden. Das kommt daher, weil der Blütenstand einiger Arten so ähnlich wie ein Schlüsselbund aussieht.

Die Wilde Primeln fühlt sich vor allem im Gebirge wohl und kommt dort in vielen unterschiedlichen Arten vor. Aber einige Primeln wachsen auch im Flachland, denn sie sind sehr robust und können sich großartig an ihren Lebensraum anpassen.

Die Primeln im Flachland blühen alle gelb, die Verwandtschaft in den Bergen dagegen rosa, rot oder blau. Dadurch werden die unterschiedlichsten Insekten angelockt, die für die Bestäubung zuständig sind. Im Gebirge sind das die Schmetterlinge und Falter und in den niedriger gelegenen Regionen vor allem die Bienen, Hummeln und Fliegen.

Vorkommen	Europa, Asien, Amerika
Blütezeit	März bis Juni
Blatt	länglich
Familie	Primelgewächse

QUELLER

Der verzweigt wachsende Queller wird bis zu 40 Zentimeter hoch und sieht ein wenig aus wie ein Kaktus. Du findest den Queller nicht etwa im Garten oder im Wald, sondern im Watt direkt am Meer. Dort lebt er aber nur sieben Monate von April bis Oktober. Danach bleibt nur noch der Samen übrig. Die Samen werden im Winter gleichmäßig über das Watt verteilt und da der Queller Süßwasser benötigt, wartet er auf einen schönen Regenschauer im April, um zu keimen. Er wächst dann recht schnell und sieht schon bald wie ein Minikaktus aus.

Um genügend Wasser aus dem salzigen Schlick in seiner bevorzugten Umgebung aufzunehmen, entwickelt der Queller eine enorme Saugkraft. Das gelingt ihm, indem er Meersalz über die Wurzeln aufnimmt und in seinen Zellen speichert. Im Laufe des Sommers wird es dann aber doch irgendwann zu viel Salz. Um es zu verdünnen, beginnt er damit, wieder mehr Wasser aufzunehmen, wodurch er allerdings stark aufquillt. Im Herbst ist schließlich so viel Salz in der Pflanze, dass sie sich rot verfärbt und schließlich abstirbt.

Vorkommen	Europa, Asien
Blütezeit	August
Blatt	winzig
Familie	Gänsefußgewächse

RAINFARN

Der Rainfarn wird bis zu 1,30 Meter hoch und hat kleine gelbe Blütenköpfe, die in einer Rispe wachsen. Die kleinen Körbchen bestehen aus etwa 100 Einzelblüten. Sie werden von Insekten bestäubt. Die Früchte vermehren sich durch den Wind oder werden von vorbeikommenden Tieren weitergetragen.

Du kannst den Rainfarn an Wegen, auf Brachland und an Waldrändern und Dämmen finden. Oft wird er auch als Zierpflanze in heimischen Gärten angepflanzt.

Der Rainfarn ist eine alte Heilpflanze, die ätherische Öle enthält. Er wurde früher als Mittel gegen Würmer benutzt. Die pulverisierte Pflanze verwendete man als Mittel, um Motten zu verjagen, das Öl kam bei Rheuma zum Einsatz.

Die Pflanze ist für einige Tiere, besonders für Kühe und Katzen giftig. Aber auch bei empfindlichen Menschen kann es bei Kontakt zu allergischen Hautreaktionen kommen.

Vorkommen	Europa
Blütezeit	Juni bis September
Blatt	gefiedert
Familie	Korbblütengewächse

RAPS

Die gelb blühenden Rapsfelder sind im Frühjahr wunderschön anzusehen und du kennst sie bestimmt. Aber wofür wird die gelbe, leuchtende Pflanze eigentlich angebaut? Doch nicht nur, weil sie schön aussieht, oder?

Neun Prozent der gesamten deutschen Ackerfläche sind mit Raps bebaut. Damit ist der Raps eine der wichtigsten Kulturpflanzen in Deutschland. Bei uns wird hauptsächlich der Winterraps angebaut. Er wird im August ausgesät und im Mai des folgenden Jahres blühen dann die Rapsfelder.

Geerntet wird der Raps zwischen Juli und August. 100 Blüten wachsen oft an einer einzigen Rapspflanze mit je 20 Samenkörnern. Und um diese Samenkörner geht es bei der Ernte. Denn aus ihnen wird das Rapsöl gepresst. In Deutschland gibt es elf große und mehr als 40 kleine Ölmühlen, die den geernteten Raps verarbeiten. Habt ihr Rapsöl in der Küche? Sieh gleich mal nach!

Vorkommen	Europa
Blütezeit	Mai
Blatt	länglich, wellig
Familie	Kreuzblütler

RINGELBLUME

Die Ringelblume wird bis zu 50 Zentimeter hoch und hat einen aufrechten Stängel mit länglichen und behaarten Blättern. Die Blüten sind hellgelb bis orange.

Wenn du die Ringelblume berührst, dann fühlt sie sich klebrig an und riecht sehr stark.

Die Ringelblume folgt mit ihren Blüten immer dem Lauf der Sonne. Mit Anbruch des Tages öffnet sie ihre Blüten und schließt sie, sobald die Sonne am Abend untergeht.

Die Ringelblume ist eine Heilpflanze, denn sie enthält ätherische Öle. Bei Wunden und Entzündungen werden die heilsamen Wirkstoffe gern in Form von Salben benutzt. Die Ringelblume wirkt desinfizierend, weswegen sich Verletzungen oder Wunden nicht so schnell entzünden können.

Weil sie jedoch nicht nur heilend wirkt, sondern auch noch hübsch ist, findet man die Ringelblume in vielen Gärten.

Vorkommen	Europa, Asien, Amerika
Blütezeit	Juni bis Oktober
Blatt	länglich
Familie	Korbblütengewächse

RIPPENFARN

Der Rippenfarn hat zwei unterschiedliche Wedelformen. Die sporenlosen Wedel werden bis zu 50 Zentimeter lang, sind nur einfach gefiedert und haben einen glatten Blattrand.

Die Wedel, die Sporen tragen, wachsen aus der Mitte der Bodenrosette heraus und haben schmale, rippenähnliche Fiederblätter. Wenn ihre Sporen reif sind, werden die Sporenwedel dunkelbraun; im Winter sterben sie ab. Wenn du die Blätter von unten betrachtest, kannst du die Sporen entdecken. Sie sehen aus wie dicke, braune Wanzen und entwickeln sich zwischen Juli und September.

Vorkommen	Europa, Asien, Nordamerika
Blütezeit	Juli bis September
Blatt	länglich, gefiedert
Familie	Rippenfarngewächse

Der Rippenfarn bevorzugt Wälder, am liebsten Nadelwälder. Du findest ihn mit etwas Glück aber auch in den feuchten Höhenlagen unserer Mittelgebirge.

RITTERSPORN

Vorkommen	Europa
Blütezeit	Mai bis September
Blatt	länglich
Familie	Hahnenfußgewächse

Am häufigsten wirst du bei uns den wild wachsenden Feldrittersporn finden. Er hat violette und manchmal auch weiße Blüten, die in lockeren Trauben wachsen. Sein Stängel ist stark verzweigt und die Laubblätter, die mehrfach geteilt sind, sehen wie schmale Zipfel aus. Der Feldrittersporn wird bis zu 40 Zentimeter hoch. Er wächst bei uns vor allem an Wegrändern und auf Äckern, ist aber mittlerweile ziemlich selten geworden.

Der Rittersporn enthält in allen Pflanzenteilen ein Gift. Besonders viel ist in den Samen enthalten. Du bekommst Durchfall, Bewegungsstörungen oder Hautreizungen davon. Die giftigsten Ritterspornarten sind der Gartenrittersporn und der Hohe Rittersporn.

Im Mittelalter wurde die Pflanze trotzdem als Wundermittel und sogar als Heilkraut bei Augenkrankheiten benutzt. Selbst gegen Bisse von Giftschlangen sollte sie helfen.

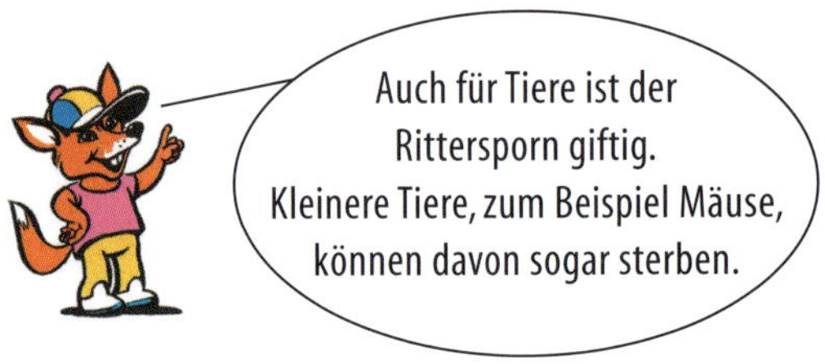

ROHRKOLBEN

Rohrkolben sind Sumpfpflanzen, die du am Rand von Gewässern in einer Wassertiefe zwischen 20 und 50 Zentimetern finden kannst. Sie kommen aber auch häufiger in Mooren vor.

Am besten erkennst du den Rohrkolben im Hochsommer an seinen braunen Fruchtständen. Die sehen wie dicke Zigarren am Stiel aus.

Der Rohrkolben bevorzugt nährstoffreiche und stehende Gewässer, wie Tümpel, kleine Seen und Teiche. Die Pflanzen haben lange, unterirdische Ausläufer, über die sie sich vermehren.

Rohrkolben werden auch gern in Kläranlagen angebaut, die das Abwasser mit natürlichen Methoden aufbereiten. Bei einer solchen Kläranlage wird das Schmutzwasser zwar hauptsächlich mithilfe winziger Bakterien gereinigt, die du mit bloßem Auge nicht erkennen kannst. Aber auch der Rohrkolben selbst filtert Schadstoffe aus dem Wasser.

Vorkommen	Europa, Asien, Nordafrika, Amerika
Blütezeit	Juli bis August
Blatt	lang, dünn
Familie	Rohrkolbengewächse

ROSE

Rosen sind stachelige, strauchartige Pflanzen, die mal mehr und mal weniger pieksen können. Sie sind wunderschön und es gibt sie in vielen unterschiedlichen Farben und Größen. Ihre Farbpalette reicht von Rot über Rosa, Gelb, Orange bis Weiß.

Die Beetrosen haben als besonderes Erkennungszeichen stark verzweigte Triebe und dichte Blütenbüschel. Sie wachsen überwiegend strauchförmig und mit Höhen zwischen 40 und 100 Zentimetern.

Die Edelrosen werden auch Teehybriden genannt und sind die unangefochtenen „Königinnen der Blumen". Mit ihren großen und elegant duftenden Blüten, die an langen Stielen wachsen, sehen sie auch wirklich majestätisch aus. Sie erreichen Höhen zwischen 60 und 120 Zentimetern.

Die Kletterrosen ranken sich an Mauern und Hauswänden hoch. Sie haben sehr lange Triebe, die problemlos überall hinaufkommen. Sie wachsen bis zu zwei Metern hoch.

Die Zwergrosen erreichen nur eine Größe von etwa 30 Zentimetern und sind stark verzweigt. Sie blühen den ganzen Sommer über und können auch im Balkonkasten wachsen.

Vorkommen	Europa, Amerika, Asien, Nordafrika
Blütezeit	Mai bis November
Blatt	rundlich
Familie	Rosengewächse

SALBEI

Salbei ist ein bis zu 50 Zentimeter hohes strauchähnliches Gewächs, das du sofort an den dicken, graufilzigen Blättern erkennen kannst.

Die Blüten sind bis zu zwei Zentimeter lang und haben eine blaue oder violette Farbe, durch die sie Bienen und Hummeln anlocken.

Der Salbei wird schon seit vielen Jahrhunderten als Heilpflanze benutzt. Schon den alten Ägyptern war er bekannt, sie verwendeten ihn gegen Unfruchtbarkeit. Die Indianer in Nordamerika benutzten ihre Salbeiart, um heilige Orte zu reinigen und zu weihen. Für diesen Zweck wurde dort Salbei verbrannt.

Heute kannst du fast in jeder Apotheke Salbeibonbons kaufen. Sie wirken wunderbar gegen Halsschmerzen. In der Küche werden die Blätter zum Würzen von Fisch- und Fleischgerichten benutzt.

Vorkommen	Europa, Nordamerika, Asien, Nordafrika
Blütezeit	Mai bis September
Blatt	länglich, pelzig
Familie	Lippenblütler

SALOMON-SIEGEL

Der Salomonsiegel kann bis zu 70 Zentimeter hoch werden und du findest ihn meist in krautreichen Laub- und Mischwäldern. Manchmal kommt er auch in Hecken und an Waldrändern vor. Der Salomonsiegel duftet sehr gut, ist allerdings auch giftig!

Der Wurzelstock hat runde Narben, die wie Siegel aussehen; daher kommt auch der Name. Diese Siegelnarben werden von den absterbenden Stängeln hinterlassen. Die zahlreichen Blüten

sehen wie kleine Glöckchen aus und sind grünlich weiß. Als Frucht erscheinen im August dunkelblaue bis violette Beeren, die ebenfalls giftig sind. Also Vorsicht!

Wenn du Teile des Salomonsiegels aus Versehen verschluckst, wird dir schnell übel und du bekommst schlimmen Durchfall.

Vorkommen	Europa
Blütezeit	Mai bis Juni
Blatt	oval, glatt
Familie	Maiglöckchengewächse

SANDDORN

Der Sanddorn wächst strauchförmig und hat silbergraue, schmale Blätter. An den Ästen sitzen kleine Dornen. Ab April blühen die gelblichen Blüten, ab August wachsen am Sanddorn dann die orangeroten oder gelben Beeren.

Du kannst den Sanddorn oft an Gebirgsbächen finden und sogar in einer Höhe von bis zu 5000 Metern, falls du jemals so hoch hinaufkommst. Er wächst aber auch im Flachland auf Grünflächen und am Meer.

Sanddornbeeren sind sehr gesund und enthalten jede Menge Vitamin C. Sogar mehr als Zitronen. Roh ist er zwar nicht so lecker, aber mit Zucker oder Honig verkocht schmeckt er sehr gut.

Da der Sanddorn nicht nur gesunde Früchte liefert, sondern auch noch sehr hübsch anzusehen ist, findet man ihn auch als Zierstrauch häufig in Gärten und Parks.

Vorkommen	Europa, Asien
Blütezeit	April bis Mai
Blatt	schmal
Familie	Ölweidengewächse

SAUERAMPFER

Sauerampfer ist ein altes Wildgemüse. Er kann selbst die härtesten Winter durch seine tief reichenden Wurzeln gut überstehen. Du kannst den Sauerampfer bei uns auf Wiesen, Weiden, an Wegrändern oder Bachufern finden.

Falls du ihn noch nie gesehen hast oder vielleicht immer daran vorbeigelaufen bist, dann halte doch im nächsten Sommer Ausschau nach langen dünnen Stielen mit rotbraunen Blüten daran. Das ist Sauerampfer.

Falls du ihn essen möchtest, musst du die jungen Blätter sammeln, bevor sich die Blüten öffnen. Sauerampfer enthält viele wichtige Vitamine und Mineralstoffe, zum Beispiel Vitamin C, Eisen, Kalium und Magnesium.

Daher war die Pflanze auch im Altertum schon bei Seefahrern zur Vorbeugung von Mangelerscheinungen sehr beliebt. Du kannst ihn übrigens als Salat, als Suppe oder auch wie Spinat zubereitet essen.

Vorkommen	Europa
Blütezeit	Mai bis August
Blatt	pfeilförmig
Familie	Knöterichgewächse

SCHACHTELHALM

Vor etwa 400 Millionen Jahren war der Schachtelhalm so groß wie ein Baum und bevölkerte zusammen mit den Riesenfarnen und Moosen ganze Wälder. Heute wird er noch etwa zwei Meter hoch und wächst auf feuchten Böden oder sogar im Wasser.

Der Schachtelhalm hat keine Blüten, sondern vermehrt sich durch Sporen, die sich an seiner Spitze befinden. Im Frühjahr ist der Schachtelhalm eine gelbe Pflanze, die nach kurzer Zeit verschwindet. Im Sommer wachsen dann die grünen Sommertriebe. Sie sind leicht an ihren Sprossen zu erkennen. Jeder Spross ist aus einem Knoten aufgebaut, aus dem mehrere, in Quirlen angeordnete Seitenäste wachsen.

Früher verwendete man den stark kieselsäurehaltigen Schachtelhalm zum Putzen von Zinngeräten, daher stammt auch sein anderer Name Zinnkraut.

Darüber hinaus kommt er als Heilpflanze zur Behandlung von Blasen- und Nierenerkrankungen zum Einsatz.

Vorkommen	Europa
Blütezeit	keine
Blatt	klein
Familie	Schachtelhalmgewächse

SCHAFGARBE

Die Schafgarbe wächst auf Wiesen und an Wegrändern und hat schöne kleine, weiße oder rosarote Blüten. Sie bevorzugt sonnige und trockene Standorte. Dort kann sie bis zu 80 Zentimeter hoch wachsen. Ihre Stängel sind sehr zäh, sodass man sie nur sehr schwer pflücken kann.

Die Schafgarbe ist eine beliebte Heilpflanze, die ähnlich wie die Kamille verwendet wird. Als Tee gekocht hilft sie unter anderem bei Kreislaufproblemen, Rheuma und Magenkrämpfen. Wenn sie äußerlich als Tinktur angewendet wird, hilft sie gegen Geschwüre, Akne und Ausschläge.

Die Schafgarbe hat ihren Namen deswegen erhalten, weil sie besonders gern von Schafen gefressen wird.

Vorkommen	Europa
Blütezeit	Juni bis September
Blatt	länglich, gefiedert
Familie	Korbblütengewächse

PFLANZEN SELBST ZIEHEN

Es ist schon spannend, zu beobachten, wie aus winzig kleinen Samen schöne Blumen heranwachsen. Du kannst direkt in deinem Zimmer leicht Pflanzen selbst heranziehen. Wenn es draußen stürmt und schneit, beginnt es bei dir drinnen schon zu grünen. Diese vorgezogenen Pflanzen blühen dann bereits sehr früh im Jahr und du hast der Natur damit einen kleinen Vorsprung abgeluchst.

1 Mit einem Minigewächshaus funktioniert die Pflanzenaufzucht am besten. Das Zimmer- oder Minigewächshaus kannst du fertig in einem Geschäft kaufen. Es gibt viele verschiedene Ausführungen und du bekommst sie schon für ungefähr fünf Euro.

2 Am besten besorgst du dir auch gleich kleine Töpfe, die gut in dein Gewächshaus passen. Ganz wichtig ist dann auch noch eine Sprühflasche, damit du deine Pflanzen regelmäßig mit Wasser besprühen kannst.

3 Deine Pflanzen benötigen nun auch noch die richtige Erde. Sie muss nährstoffarm sein und Wasser gut speichern können. Besonders geeignet ist Erde, die aus den Fasern der Kokosnuss hergestellt wird. Du kannst sie in größeren Blumenläden oder Baumschulen kaufen.

4 Dort bekommst du auch dein Saatgut. Blumen- und Gemüsesamen sind für den Anfang gut geeignet. Wichtig ist nur, dass das Saatgut frisch ist. Je frischer der Samen, desto besser keimen die Pflanzen.

5 Deine Töpfe füllst du mit der Kokosnusserde und drückst sie ein wenig an. Jetzt streust du einige Samen auf die Erde. Schreibe dir auf, in welchen Topf du welche Samen gestreut hast, dann kannst du die Pflanzen später gut unterscheiden.

6 Wenn du alles eingesät hast, stellst du dein Minigewächshaus an einen warmen und hellen Ort und wartest einfach mal ab. Die Lüftungsklappen an dem Minigewächshaus bleiben zu Anfang geschlossen, damit kein verdunstetes Wasser aus der Kokosnusserde entweichen kann. Solange die Klappen geschlossen sind, brauchen die Samen kein Wasser. Aber sobald alle Samen gekeimt haben, musst du die Lüftungsklappen aufmachen. Ab jetzt solltest du deine Pflänzchen mit der Sprühflasche jeden Tag ein wenig besprühen. Wenn sie einige Tage alt sind, kannst du den Deckel erst etwas aufstellen und dann ganz entfernen.

7 Sind deine Blumen größer geworden, pflanzt du sie in einen anderen Topf und lässt sie einfach weiterwachsen. Mal sehen, wie groß sie werden.

SCHILF

Wo Schilf wächst, ist das Wasser nicht weit. Das Schilfrohr ist eine Sumpfpflanze. Es kann an Ufern in bis zu einem Meter Wassertiefe wachsen, aber du findest es auch an Mooren und auf Feuchtwiesen.

Das Schilfrohr ist ein Gras, dessen Blütenrispe bis zu 50 Zentimeter lang werden kann. Die einzelne Blüte ist ein kleiner Wuschelkopf mit langen, abstehenden Haaren. Die Früchte sind erst ab Dezember reif.

Das Schilfrohr hat lange kriechende Wurzeln und kann sogar bis zu vier Meter hoch wachsen. Es ist sehr robust, widerstandsfähig und beständig und wird daher in Norddeutschland zum Decken der Rieddächer benutzt.

Es übersteht jeden Wintersturm und bietet vielen kleinen Tieren gute Versteckmöglichkeiten. So können beispielsweise Insekten im dichten Schilfrohr sicher überwintern.

Vorkommen	weltweit
Blütezeit	Juli bis September
Blatt	lang
Familie	Süßgräser

SCHNEE-GLÖCKCHEN

Das hübsche Schneeglöckchen mit seinen weißen Blütenköpfchen ist eine besonders kälteunempfindliche Pflanze, denn es wächst sogar schon, wenn gegen Ende eines langen Winters noch Schnee liegt. Wenn sich sonst kaum eine Pflanze aus dem Boden traut, räkelt das Schneeglöckchen schon mutig seine Blätter in der kalten Wintersonne.

Du kannst es in Wäldern, auf feuchten Wiesen und in Schluchten finden. Dort wächst es in Gruppen von mehreren Pflanzen zusammen und kann manchmal sogar einen großen Blütenteppich bilden. Es wird aber selten höher als zehn Zentimeter.

Da das Schneeglöckchen schon so früh im Jahr blüht, ist es eine wertvolle und oft auch eine der ersten Nahrungsquellen für Insekten wie Bienen und Schmetterlinge.

Vorkommen	Europa
Blütezeit	Februar bis April
Blatt	lang
Familie	Amaryllisgewächse

SCHÖLLKRAUT

Das Schöllkraut liebt die Nähe von Häusern und wächst gern ganz unauffällig im Schutz ihrer Mauern. Leider wird es aber meist für Unkraut gehalten, obwohl es eine seit langer Zeit beliebte Heilpflanze ist, die vor allem zur Bekämpfung von Warzen benutzt wird.

Das Schöllkraut wird bis zu 70 Zentimeter hoch. Ein gutes Erkennungsmerkmal ist der gelbe Saft, der austritt, wenn der Stängel abgeknickt wird. Er kann bei sehr empfindlichen Personen zu Hautentzündungen führen.

Der runde Stängel ist mehrfach verzweigt und endet in kleinen gelben Blüten. Aus den Blüten mit nur vier Blütenblättern entwickeln sich längliche Schoten, die mit kleinen schwarzen Samen gefüllt sind. Die weichen, hellgrünen Blätter sind fein behaart und haben eine ähnliche Form wie Eichenblätter. Da sie mit einer Wachsschicht überzogen sind, perlt Wasser einfach ab.

Vorkommen	Europa
Blütezeit	April bis September
Blatt	erinnert an ein Eichenblatt
Familie	Mohngewächse

SEEROSE

Seerosen gibt es auf der ganzen Welt und du findest sie dort, wo es Wasser gibt. Insgesamt kennt man etwa 40 verschiedene Arten. Seerosen haben herzförmige oder runde Blätter, die wie ein kleines Boot auf der Wasseroberfläche schwimmen.

Einige Seerosenarten blühen nachts und duften sehr intensiv, andere wachsen sogar bei großer Kälte in Schnee und Eis, wieder andere gedeihen nur bei hohen Temperaturen im Dschungel.

Aber alle Seerosen haben eines gemeinsam: Ihre Blüten wachsen knapp über dem Wasser und sind die „Passagiere“ der Blattboote.
Die beerenartigen Früchte der Seerosen reifen unter der Wasseroberfläche.

Da Seerosen viel Blütenstaub besitzen, werden sie gern von Insekten wie Hummeln und Käfern angeflogen und bestäubt.

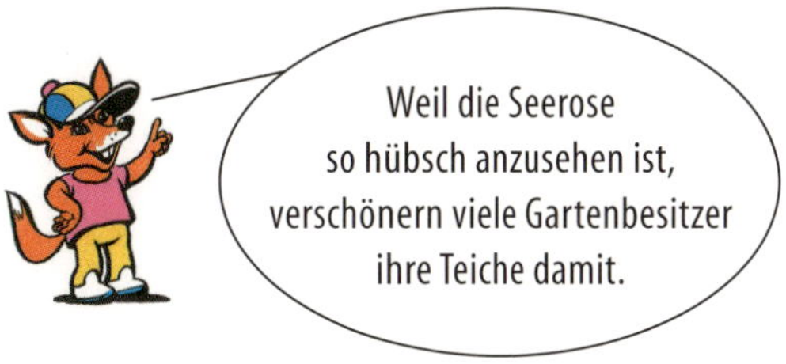

Vorkommen	weltweit
Blütezeit	Mai bis September
Blatt	rundlich
Familie	Seerosengewächse

SILBERDISTEL

Die stachelige Silberdistel kann bis zu 60 Zentimeter hoch werden. Ihr Blütenkopf in Form eines weiß-gelben Körbchens ist bis zu zwölf Zentimeter breit. Die inneren Hüllblätter, die wie kleine Strahlen um das Körbchen wachsen, sind silberweiß. Sie wird vor allem durch Bienen und Hummeln bestäubt.

Bei sonnigem Wetter öffnen sich die Blüten der Silberdisteln weit, bei schlechtem Wetter und in der Nacht schließen sie sich. So werden die Blüten vor Nässe und Kälte geschützt. Du findest die Silberdistel an steinigen Hängen, auf Wiesen und Weiden mit Kalkunterlage und in Höhen von bis zu 2600 Metern.

Im Mittelalter wurde die Silberdistel als Heilpflanze benutzt. Heute wird sie allerdings kaum noch verwendet, denn mittlerweile ist sie recht selten und steht daher vielerorts gesetzlich unter Naturschutz.

Vorkommen	Europa, Asien
Blütezeit	Juli bis Oktober
Blatt	schmal
Familie	gefiedert, stachelig

SPITZWEGERICH

Der Spitzwegerich wächst völlig unauffällig an Wegrändern und auf Wiesen. Du kannst ihn im Frühjahr an seinen langen, schmalen Blättern erkennen, die wie spitze Lanzen aus dem Boden schießen. Ab Mai wächst aus den „Lanzen" der Stängel mit einer bräunlichen Blüte in Ährenform. An dieser Blütenähre entwickeln sich später zahlreiche Samen.

Der Spitzwegerich ist eine Heilpflanze. Wenn du dich in der freien Natur verletzt hast und kein Pflaster dabeihast, hilft es, ein paar Spitzwegerichblätter auf die Wunde zu legen. Er unterstützt die Wundheilung. Außerdem ist er als Tee getrunken ein gutes Mittel gegen Husten und Asthma.

Der Spitzwegerich hat sehr robuste Wurzeln, die äußerst tief in den Boden hineinreichen können.

Vorkommen	Europa, Asien, Amerika
Blütezeit	Mai bis September
Blatt	lang
Familie	Wegerichgewächse

SPRINGKRAUT

Bei uns triffst du wohl am häufigsten auf das sogenannte Drüsige Springkraut. Dieses stammt ursprünglich aus Indien, ist aber mittlerweile in ganz Europa verbreitet. Du findest es mit seinen leuchtend roten Blüten an Bächen und auf Feuchtwiesen. Es wächst sehr schnell und verdrängt andere Arten von ihrem Platz. Oft sind Wiesen und Bachufer regelrecht mit den roten Blüten des Springkrautes übersät. Es kann leicht bis zu zwei Meter hoch wachsen.

Imker säen das Springkraut gern als Bienenweide aus, denn für die Insekten ist das Drüsige Springkraut eine sehr nützliche Pflanze. Der Nektar ist stark und zuckerhaltig und wird in großen Mengen erzeugt. Außerdem sind die Blüten so groß, dass Bienen, Hummeln und Wespen leicht hineinfliegen können.

Das Springkraut vermehrt sich durch seine Samen, die in den Samenkapseln reifen. Ein Springkraut kann bis zu 4000 Samen hervorbringen. Diese Samen werden bei Berührung sofort aus ihrer reifen Kapsel herausgeschleudert und können dann durch den Druck bis zu sieben Meter weit fliegen.

Vorkommen	Europa, Asien
Blütezeit	Juli bis August
Blatt	gezackt
Familie	Springkrautgewächse

STIEF-MÜTTERCHEN

Das Stiefmütterchen ist mit seinen prächtigen und leuchtenden Farben eine der ersten Blumen, die schon früh im Jahr neugierig ihre Köpfe aus der Erde stecken. Du findest es auf Wiesen, Weiden, Äckern und natürlich in vielen Gärten und Parks.

Es gibt über 500 Wildarten mit unzähligen Farb- und Formkombinationen. Wahrscheinlich ist das Stiefmütterchen deshalb auch schon seit mehr als 300 Jahren so beliebt. Die Blütenblätter der Stiefmütterchen überlappen sich gegenseitig.

Durch Kreuzung verschiedener Arten wurde das beliebte Gartenstiefmütterchen herausgezüchtet, das bis zu 30 Zentimeter hoch wird und sehr viel größere Blüten besitzt als seine wild wachsenden Verwandten.

Viele Gartenbesitzer pflanzen aber auch gern das sehr viel kleinere, ursprünglich aus den Pyrenäen stammende Hornveilchen an, das bis in den Sommer hinein immer wieder neue Blüten in Blau, Weiß, Lila oder Orange und Rot bildet.

Vorkommen	Europa
Blütezeit	März bis Juli
Blatt	rundlich bis lanzettlich
Familie	Veilchengewächse

STRANDFLIEDER

Vorkommen	Europa, Asien
Blütezeit	August bis September
Blatt	länglich, verkehrt eiförmig
Familie	Bleiwurzgewächse

Den Strandflieder findest du, wie es sein Name ja schon sagt, an der Küste. Auf den Salzwiesen oder Deichen fühlt er sich wohl, denn er bevorzugt salzhaltige, sandige, tonige oder schlickige Böden. In Deutschland kannst du ihn nur an der Nord- und Ostseeküste finden, wobei er an letzterer nicht ganz so häufig auftritt.

Der Strandflieder, auch Halligflieder genannt, wird bis zu 50 Zentimeter hoch. Im Herbst reifen an der Pflanze kleine Schließfrüchte.

Aus einer Bodenrosette wachsen die länglichen, zum Ende hin breiteren Blätter. An den schirmartig verzweigten Blütenständen blühen die blau-lila gefärbten Blüten und locken verschiedenste Insekten an. Der Strandflieder steht unter Naturschutz, auch wenn die Salzwiesen inzwischen geschützt sind und man ihn mittlerweile wieder sehr viel häufiger findet als früher.

Der Strandflieder, der bis zu 40 Jahre alt werden kann, hat übrigens nichts mit dem Flieder zu tun, den du in fast jedem Garten finden kannst. Er wurde nur wegen der Farbe seiner Blüten so benannt.

STRANDHAFER

Auf den Dünen der Küsten wiegt sich der Strandhafer in der Meeresbrise. Er ist ein wichtiger Schutz gegen Sandflug und Wanderdünen. Der dunkelgrüne Strandhafer besitzt meist eingerollte Blätter und wächst in dichten Büscheln direkt aus dem Sand. Er wird bis zu 1,20 Meter hoch und bietet daher für Badegäste beim Umziehen ein wenig Sichtschutz.

Im Sommer erscheinen die Blütenstände, die wie kleine Fuchsschwänze aussehen. Sie sind ein bis zwei Zentimeter dick und können bis zu zehn Zentimeter lang sein.

Strandhafer ist sehr ausdauernd und äußerst widerstandsfähig, wenn es darum geht, seinen Standort zu verteidigen, und lässt sich nicht so leicht vertreiben.

Er bildet in angewehtem Sand immer neue Wurzelstockwerke aus. An Abbruchkanten kannst du allerdings unter Umständen auch einmal Strandhaferpflanzen sehen, denen der Sand unter den Wurzeln wegrieselt.

Vorkommen	Europa, Australien, Amerika, Südafrika
Blütezeit	Juni bis Juli
Blatt	lang
Familie	Süßgräser

SUMPF-DOTTERBLUME

Die Sumpfdotterblume leuchtet dir mit ihren knallgelben Blüten schon ab März entgegen. Die Blüten haben fünf Blütenblätter und sind etwa vier Zentimeter groß. Der Stängel ist hohl und wächst bis zu 50 Zentimeter hoch.

Die Sumpfdotterblume findest du an feuchten, sumpfigen Plätzen. An Gräben, Bachläufen und auf Sumpfwiesen lockt sie Insekten an, die sie bestäuben. Die Blüten sind sehr nektarhaltig und Fliegen, Hautflügler und Schwebfliegen lassen sich gern darauf nieder.

Die Sumpfdotterblume kann aber auch durch Regenwasser befruchtet werden. Das geschieht dadurch, dass bei Regen Wasser in die Blüten läuft und es zur Selbstbefruchtung kommt.

Aus den Fruchtblättern entwickeln sich breite Früchte mit dunklen Samen. Die reifen Früchte wachsen sternartig nach oben und die Samen werden nach dem Öffnen der Kapsel herausgewaschen. Die Samen sind schwimmfähig und breiten sich entlang des Wassers aus.

Vorkommen	Europa, Asien, Amerika
Blütezeit	März bis Juni
Blatt	herzförmig
Familie	Hahnenfußgewächse

SUMPF-SCHWERTLILIE

Die Sumpfschwertlilie ist ein häufiger Gast an kleinen Teichen, Sümpfen und Seen. Du kannst sie dort auf schlammigen und nährstoffreichen Böden finden. Obwohl sie die Sonne mag, wächst die Sumpfschwertlilie auch oft im Halbschatten. Ihre gelben Blüten sind mit bis zu zehn Zentimetern sehr groß und auffällig.

Die äußeren Blätter der schönen Blüten hängen stark herab, die innen wachsenden, kürzeren stehen dicht zusammen. Da die Blütenblätter eine Röhre bilden, fliegen besonders Insekten mit langen Rüsseln die Sumpfschwertlilie an. Wenn sie die Blüte wieder verlassen, klappen Narbenlappen wie eine Tür hinter den Insekten zu. Damit verhindert die Sumpfschwertlilie, dass eigener Pollen auf die Narbe gelangt.

Früher wurde sie auch als Heilpflanze verwendet. Mit ihren Gerbstoffen bearbeitete man Leder.

Vorkommen	Europa
Blütezeit	Mai bis Juli
Blatt	lang
Familie	Schwertliliengewächse

TAUBNESSEL

Die Taubnesseln haben im Gegensatz zu den Brennnesseln keine Brennhaare und können dir nichts anhaben. Obwohl die Blätter der Taubnessel denen der Brennnessel ähneln, handelt es sich bei ihr um eine völlig andere Pflanze. Die Blüten der Taubnesseln können weiß, gelb, rosa, rot oder violett sein.

Die Bestäubung der Taubnesseln übernehmen die Hummeln und Bienen. Bei einigen Taubnesselarten ist die Blütenröhre allerdings zu eng für Hummeln. Sie sind zu groß und würden in der Blüte stecken bleiben. Daher beißen sie einfach von unten ein Loch in die Blüte, futtern den Nektar auf und lassen die Blüte eben unbestäubt.

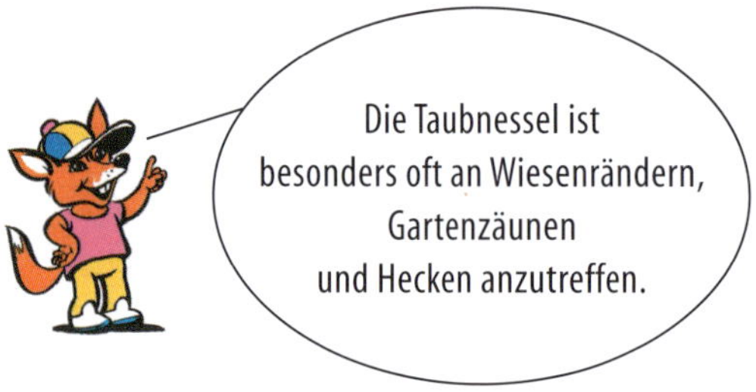

Vorkommen	Europa, Nordafrika, Nordamerika
Blütezeit	April bis September
Blatt	gezackt
Familie	Lippenblütler

TEUFELSKRALLE

Am häufigsten wirst du bei uns auf die Ährige oder auch Weiße Teufelskralle stoßen. Sie hat gelblich weiße Blüten, die in einem ährigen Blütenstand auf einem kerzengeraden Stängel stehen. Du kannst die Pflanze manchmal auch unter dem Namen Weiße Waldrapunzel finden. Die Pflanze wird zwischen 30 und 80 Zentimeter hoch. Die Ährige Teufelskralle wächst am liebsten in Wäldern und auch im Gebirge in einer Höhe bis zu etwa 2100 Metern.

Sie ist eine sehr anpassungsfähige Pflanze, bevorzugt aber Standorte, an denen sie lockeren, nährstoffreichen Boden findet. Oft wächst sie in Gruppen mit anderen Artgenossen.

Übrigens: Im Frühjahr kannst du die ganz jungen Blätter der Ährigen Teufelskralle ernten und wie Spinat kochen.

Vorkommen	Europa
Blütezeit	Mai bis Juli
Blatt	eiförmig
Familie	Glockenblumengewächse

THYMIAN

Vorkommen	Europa
Blütezeit	Juli bis September
Blatt	oval
Familie	Lippenblütler

Thymian ist ein kleines, strauchartiges Gewächs, das bis zu 50 Zentimeter hoch wird. Eigentlich kommt er aus den warmen Ländern rund um das Mittelmeer, aber du findest ihn auch hier in Kräutergärten.

Im Laufe des Jahres verholzen die Stängel. Die kleinen ovalen Blätter sind dunkelgrün und duften sehr würzig. Seine Blüten sind klein und weiß oder hellrosa. Sie wachsen in Ähren an den Spitzen der Stängel. Seine Blätter werden bis in den Winter hinein geerntet.

Aus den Blättern kann Tee gekocht werden, der mit Honig gesüßt sehr gut schmeckt. Im Badewasser setzt der Thymian seine ätherischen Öle frei und hilft bei Bronchitis. Und auch als Küchengewürz findet er häufig Verwendung.

VEILCHEN

Schon früh im Jahr blinzeln die Veilchen neugierig aus dem Gras in den Frühling. Veilchen wachsen gern an schattigen Wiesen, Zäunen, Hecken und an Waldrändern. Ihr kräftiger Wurzelstock wird von Jahr zu Jahr größer und breitet sich immer weiter aus.

Das Veilchen hat sehr schöne violette Blüten mit zwei Blütenblättern oben und drei Blütenblättern unten. Die Blüten duften sehr gut und daher heißt das Echte Veilchen auch Wohlriechendes Veilchen.

Veilchen vermehren sich meist ohne Hilfe von Wind und Tieren durch Selbstbestäubung. Die Samen reifen in einer Kapsel und werden herausgeschleudert, sobald sie reif sind.

Da das Veilchen einen so angenehmen Geruch hat, wird es häufig in Seifen, Cremes und Parfüms verwendet. In der heutigen Naturheilkunde setzt man das Veilchen gegen Husten und Bronchitis ein.

Vorkommen	Europa, Asien
Blütezeit	März bis April
Blatt	herzförmig
Familie	Veilchengewächse

VERGISS-MEINNICHT

Vorkommen	Europa, Asien, Afrika
Blütezeit	Mai bis September
Blatt	spitz
Familie	Raublattgewächse

Es gibt über 100 unterschiedliche Arten von Vergissmeinnicht. Ihren Namen hat die Pflanze erhalten, weil sie eine andere Person daran erinnern soll, uns nicht zu vergessen. Daher gilt sie auch als Symbol der Liebe.

Vergissmeinnicht sind verzweigte Pflanzen mit länglichen, behaarten Blättern. Sie werden bis zu 40 Zentimeter hoch. Die Blüten sind meist leuchtend blau, seltener weiß oder rosa. Vergissmeinnicht bevorzugen ein sonniges bis halbschattiges Plätzchen und lehmigen Boden.

Übrigens kannst du ein interessantes Experiment mit dem Vergissmeinnicht machen. Schneide den Blütenstängel ab und lege ihn flach auf eine Wasserschale. Am nächsten Morgen haben sich die Stängel deutlich sichtbar aufgerichtet und stehen senkrecht in der Schale.

WALDMEISTER

Vorkommen	Europa
Blütezeit	April bis Mai
Blatt	länglich, spitz
Familie	Rötegewächse

Der Waldmeister steht in hellen Laubwäldern und verströmt dort seinen Duft. Meist wächst er direkt in größeren Mengen und das ist auch gut so, denn Waldmeister schmeckt prima. Ein leckerer Waldmeistertee, Waldmeistereis oder Waldmeisterwackelpudding sind nicht zu verachten.

Der Waldmeister blüht ab Mitte April mit weißen Blüten, die wie kleine Sterne aussehen. Dann ist auch genau die richtige Zeit, um ihn zu ernten. Aus den Blüten entwickeln sich später stachelig behaarte Kugeln. Darin sind die Samen enthalten. Sie bleiben im Fell von vorbeistreifenden Tieren hängen und werden so verbreitet.

Der Waldmeister enthält Stoffe, die in kleinen Mengen eingenommen gegen Kopfschmerzen und Migräne helfen.

Frischer Waldmeister duftet schwach im Gegensatz zu welkem, der einen sehr intensiven Geruch verbreitet.

WASSERLINSE

Die Kleine Wasserlinse kennst du vielleicht auch unter dem Namen Entengrütze. Sie vermehrt sich wahnsinnig schnell und kann die Oberfläche ganzer Teiche überwuchern. Dann siehst du vor lauter Entengrütze kein Wasser mehr.

Die Wasserlinse braucht ruhige Gewässer, zum Beispiel Teiche und Tümpel. Dort schwimmen ihre zwei oder drei Millimeter großen Blätter wie die Seerose an der Wasseroberfläche. An der Unterseite haben sie einen Wurzelfaden. Der kann bis zu 15 Millimeter lang sein und ragt ins Wasser. Die Blüten sind sehr zart und weiß, allerdings blüht die Wasserlinse nicht häufig.

Vorkommen	Europa, Asien, Amerika
Blütezeit	April bis Mai
Blatt	rundlich
Familie	Wasserlinsengewächse

WASSERMINZE

Die Wasserminze ist eine Sumpfpflanze, die bis zu 80 Zentimeter groß wird. Die Stängel enden in den kugeligen, violetten Blütenständen. Die Blüten sind trichterförmig. Ihr süßer Nektar wird am Boden der Blüte von einer großen Nektardrüse produziert.

Durch die langen Haare im Inneren der Blüte wird der Nektar vor Regen geschützt. Die Blüten riechen sehr gut und werden so von Bienen, Schwebfliegen und vielen anderen Insekten gern angeflogen.

Du kannst die Wasserminze an Teichufern und Gräben und auf Moorwiesen finden. Ihre Samen breiten sich über das Wasser aus.

Übrigens: Die Wasserminze war zusammen mit dem Mädesüß und dem Eisenkraut das heilige Kraut der alten Druiden.

Vorkommen	Europa, Nordamerika, Australien
Blütezeit	Juli bis September
Blatt	eiförmig, gezackt
Familie	Lippenblütler

WEGMALVE

Vorkommen	weltweit
Blütezeit	Juni bis Oktober
Blatt	rundlich gelappt
Familie	Malvengewächse

Die Wegmalve wird etwa zehn bis 45 Zentimeter hoch und ist eine krautige Pflanze, die nicht verholzt. Die Blüten sind hellrosa oder fast weiß.

Die Wegmalve wird von Insekten, wie Bienen oder Fliegen, bestäubt. Die scheibenförmigen Früchte sehen aus wie ein kleiner Hartkäse; daher nennt man die Pflanze auch Käsepappel. Die Samen wiederum sehen wie Knöpfe aus und werden durch Tiere verbreitet.

Schon vor 5000 Jahren haben die Chinesen die Malve als Heilpflanze sehr geschätzt. Sie wird sogar in der Bibel erwähnt, denn Moses behandelte einen Fieberkranken, indem er ihm Malventee zu trinken gab.

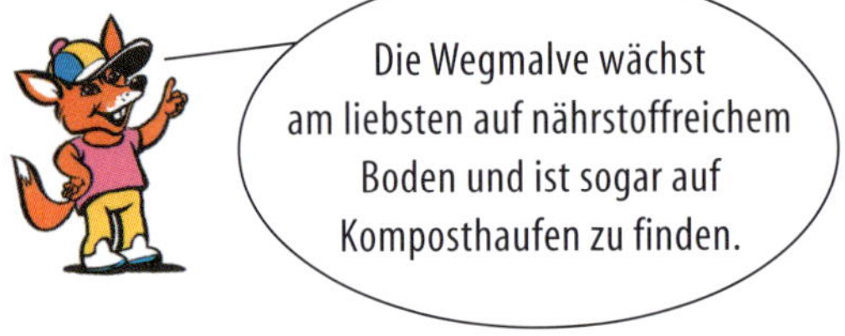

WEGWARTE

Die Wegwarte ist eine krautige Pflanze, die bis zu 1,50 Meter groß wird und gern an Wegrändern wächst. Auch an anderen unbebauten Stellen, an Ackerrändern und Bahndämmen kannst du die Wegwarte oft finden. Heute wird sie allerdings kaum mehr beachtet, obwohl sie im Mittelalter als eine sehr bekannte Zauberpflanze galt.

Ihre Blüten sind wie bei allen Arten dieser Familie körbchenförmig. Die Zungenblüten sind hellblau. Wenn du dir die Wegwarte genau ansiehst, wird dir auffallen, dass die Blüten nur im hellen Sonnenlicht geöffnet sind. Die Blütenköpfe drehen sich mit dem Lauf der Sonne.

Vorkommen	Europa, Asien, Nordamerika
Blütezeit	Juli bis September
Blatt	länglich, gezackt
Familie	Korbblütengewächse

WEIDEN-RÖSCHEN

Das Weidenröschen wird in vielen Gärten als Unkraut angesehen. Die Pflanze erreicht eine Höhe von bis zu 60 Zentimetern und der Stängel wächst aus einer Bodenrosette. An der Spitze der Stängel erscheinen ab Juli winzige, rosafarbene Blüten mit vier Blütenblättern.

Die Frucht sieht wie eine kleine Kapsel aus; in ihr sind die lang behaarten Samen enthalten. Wenn diese reif sind, springt die Kapsel auf und die Samen können verbreitet werden. Das geschieht häufig auch durch vorbeistreifende Tieren, an denen sie mit ihren langen Haaren hängen bleiben.

Vorkommen	Europa
Blütezeit	Juli bis September
Blatt	länglich
Familie	Nachtkerzengewächse

Du findest das Weidenröschen außer als unerwünschten Gartengast auch an Bachufern, in Wäldern und auf Waldlichtungen. Früher, als die Menschen noch abergläubischer waren, wurde es übrigens dazu verwendet, Blitze abzuwehren. Außerdem wurde es oft in Form von Tee als Heilpflanze verwendet.

WURMFARN

Der Echte Wurmfarn wird auch Männerfarn genannt und ist der Farn, der bei uns am häufigsten vorkommt. Weil die Pflanze früher als Mittel gegen Würmer verwendet wurde, erhielt sie ihren Namen.

Seine Wedel sind im Sommer grün und werden im Herbst braun. Sie können bis zu einem Meter lang werden. Die Sporenbehälter sitzen auf der Unterseite der Wedel und werden zwischen Juli und September verbreitet. Du findest den Wurmfarn in Wäldern und Gebüschen.

Farne gehören übrigens zu den ältesten Landpflanzen unserer Erde. Vor 300 Millionen Jahren gab es unzählige verschiedene Arten von ihnen. Die heute vorkommenden Vertreter sind allerdings nur noch ein kleiner Rest der einstigen Artenvielfalt.

Vorkommen	weltweit
Blütezeit	keine
Blatt	gefiedert
Familie	Wurmfarngewächse

PILZE

BIRKENPILZ

Vielleicht hast du schon einmal einen Birkenpilz gegessen. Solange er jung ist, schmeckt er sehr mild und lecker. Die alten Pilze sind dagegen meist zäh und ihre Stiele sehr holzig. Dann solltest du den Birkenpilz nicht unbedingt mehr essen.

Du findest ihn zwischen Juni und Oktober in Wäldern und auch in Parks fast ausschließlich in der Nähe von Birken. Daher kommt – wie du dir sicher denken kannst – auch sein Name.

Erkennen kannst du ihn an seinem hellen, braunen Hut, der recht dickfleischig und mit einem feinen Filz überzogen ist. Die Huthaut kann sehr leicht abgezogen werden. Sein Stiel ist mit vielen kleinen dunklen Schuppen besetzt, das Fleisch meist weißlich und – vor allem wenn es geregnet hat – schwammig. Ältere Pilze erkennst du daran, dass das Fleisch schon etwas gräulich aussieht.

Größe	bis 15 cm
Vorkommen	Europa
Farbe	braun, schwarz, weiß
Besonderheiten	wird beim Kochen komplett schwarz

FLIEGENPILZ

Wenn unter einem Baum ein knallroter Pilz mit weißen Tupfen hervorlugt, dann kannst du fast sicher sein, dass hier ein Fliegenpilz vor dir steht. Aber Vorsicht, er ist so schön, wie er giftig ist.

Den Pilz mit dem schicken rot-weißen Hut findest du zwischen Juli und Oktober in Laub- und Nadelwäldern. In den Alpen wächst er sogar in einer Höhe bis zu 2100 Metern. Sein Fleisch ist weiß, nur unter der roten Huthaut ist es gelborange.

Ganz früher, als die Menschen noch kein Insektenspray und keine Fliegenschutzgitter kannten, benutzte man den Fliegenpilz übrigens, um lästige Fliegen in der Küche zu töten. Man legte Fliegenpilzstücke in eine Schale mit gezuckerter Milch. Die Fliegen wurden natürlich von der vermeintlichen Leckerei angelockt und dann durch das Pilzgift getötet. Daher hat der Pilz seinen Namen.

Größe	bis 20 cm
Vorkommen	Europa, Asien, Nordamerika
Farbe	rot, weiß
Besonderheiten	giftig! Finger weg!

HALLIMASCH

Der Hallimasch wächst fast immer in Gesellschaft vieler Artgenossen auf Holz, wobei normalerweise große Büschel gebildet werden. Sein Hut ist honiggelb bis braun und hat in der Mitte häufig einen kleinen Buckel. Der Hallimasch riecht nicht gerade sehr angenehm. Wenn dir irgendwo im Wald der Geruch von altem Käse in die Nase zieht, dann schau dich mal um. Es kann gut sein, dass irgendwo in der Nähe eine Hallimaschfamilie wächst.

Von Juli bis November kannst du den Hallimasch an Baumstümpfen oder Bäumen entdecken. Da er auch an lebenden Bäumen wächst, zerstört er oft deren Holz. Außerdem breitet er sich häufig so schnell aus, dass er ganze Waldstriche befällt.

Der Hallimasch ist zwar essbar, aber nur, wenn er gekocht ist. Roh ist er giftig! Wenn du ihn ungekocht verspeist, bekommst du Probleme mit deinem Magen.

Größe	bis 15 cm
Vorkommen	Europa
Farbe	bräunlich
Besonderheiten	stinkt ein wenig

KARTOFFEL-BOVIST

Der Kartoffelbovist ist dir bestimmt schon öfter über den Weg gelaufen, oder du ihm. Er wächst von Mai bis Oktober an Waldrändern und Wegen. Er ist sehr fest und als kleiner Pilz fast kreisrund. Sein Hut ist ziemlich schuppig und im ausgewachsenen Zustand sieht er wie eine Kartoffel aus. Du kannst ihn aber nicht essen, denn er ist giftig!

Leider ist dieser Pilz leicht mit essbaren Bovisten zu verwechseln. Er hat aber ein Merkmal, an dem du ihn gut von den anderen unterscheiden kannst. Alle Boviste muss man nach dem Einsammeln erst einmal durchschneiden. Die essbaren sind durchgeschnitten immer weiß, der Kartoffelbovist ist dagegen innen grau bis schwarz.

Der Verzehr eines Kartoffelbovists führt zu Bauchschmerzen, Erbrechen, Durchfall und sogar zu Ohnmacht. Also besser die Finger davonlassen!

Größe	bis 6 cm
Vorkommen	Europa
Farbe	gelb-braun
Besonderheiten	giftig

PILZE

Es gibt zwei große Gruppen von Pilzen: Die einen kannst du essen und die anderen nicht, weil sie giftig oder ungenießbar sind. Speisepilze und Giftpilze haben meist besondere Kennzeichen. Bevor du einen selbst gesammelten Pilz isst, musst du aber wirklich ganz sicher sein, dass du ihn nicht mit einem giftigen Doppelgänger verwechselt hast. Sonst kann deine Pilzmahlzeit sehr gefährlich enden. Am besten ist es daher, wenn du nur Pilze isst, die du vorher zusammen mit deinen Eltern oder mit Personen gesammelt hast, die sich gut damit auskennen.

Pilze blühen nicht und sie haben auch keine Früchte oder Samen. Sie vermehren sich durch Sporen. Sporen sind winzige Körnchen, die sich im Pilzhut verstecken. Pilze brauchen an ihrem Standort viel Feuchtigkeit und Wärme, aber sie kommen mit so wenig Licht aus, dass sie sogar in der Dunkelheit wachsen können.

Was aus dem Boden herausschaut, ist übrigens nicht der ganze Pilz, sondern nur der oberirdisch wachsende Fruchtkörper. Der größte Teil dieser merkwürdigen Lebewesen befindet sich unter der Erde. Dabei handelt es sich um sehr dünne, weiße Fäden, die einem Spinnennetz ähneln. Diese Pilzfäden heißen Hyphengeflecht oder Myzel. Der oberirdische Teil des Pilzes besteht meistens aus dem Stiel und einem daraufsitzenden Hut, in dem auch die Sporen gebildet werden.

Wenn die Sporen reif sind, werden sie durch den Wind oder auch Tiere, die gern Pilze fressen, verbreitet. Finden sie dann noch einen guten Platz zum Wachsen, entsteht dort schon bald ein neuer Pilz.

KNOLLENBLÄTTERPILZ

Dieser Geselle mit dem grünlichen Hut ist der bekannteste seiner Art und du solltest am besten einen großen Bogen um ihn machen: Gemeint ist der Grüne Knollenblätterpilz. Er ist für die meisten Pilzvergiftungen mit tödlichem Ausgang verantwortlich. Also lass ihn am besten einfach links liegen.

Der Grüne Knollenblätterpilz enthält Giftstoffe, die Amatoxine heißen. Sie wirken ganz langsam und dringen in den Körper ein, wo sie nicht nur den ganzen Stoffwechsel gefährlich durcheinanderbringen, sondern auch die Leber schädigen. Für den Menschen ist nur ein klein wenig von diesem Gift bereits tödlich. Schon eine kleine Probe, die nur kurz gekaut worden ist, kann schlimme Vergiftungen verursachen!

Um ihn nicht mit anderen essbaren Pilzen zu verwechseln, schaust du dir zuerst den Stiel des „Giftlings“ an. Der ist am unteren Ende knollig verdickt und steckt immer in einer in der Erde verborgenen Hülle. Die Lamellen, das sind die Blätter an der Unterseite des Hutes, sind bei jungen Knollenblätterpilzen immer weiß, bei älteren manchmal auch grünlich.

Er wächst von Juli bis in den Oktober am liebsten unter Eichen oder Buchen.

Größe	bis 18 cm
Vorkommen	Europa
Farbe	weiß, grün
Besonderheiten	hochgiftig!

MARONENRÖHRLING

Der Maronenröhrling wird wegen seiner schönen braunen Mütze auch Braunkappe genannt. Sein Hut kann bis zu 18 Zentimeter breit werden. Er hat eine ganz besondere Eigenart: Der kastanienbraune Hut und die gelbgrünen Röhren unter dem Hut färben sich blau, wenn du ihn berührst.

Von Juni bis November kannst du ihn im Nadel- und Laubwald besonders unter Fichten und Kiefern, aber auch unter Rotbuchen und Eichen finden.

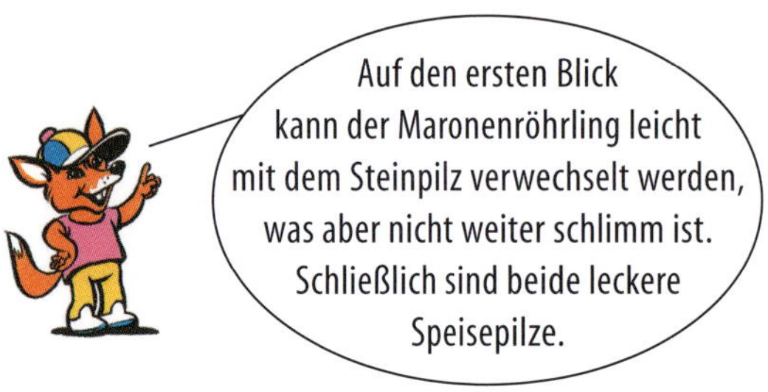

Der Maronenröhrling ist ein leckerer Speisepilz, der aber erst gekocht werden muss, da er roh giftig ist.

Größe	bis 10 cm
Vorkommen	Europa
Farbe	kastanienbraun
Besonderheiten	verfärbt sich bei Berührung

PANTHERPILZ

Der Pantherpilz, dem du auch unter dem Namen Brauner Knollenblätterpilz über den Weg laufen kannst, ist einer unserer giftigsten Pilze und sogar noch gefährlicher als der Fliegenpilz! Bei fast sieben Prozent aller Pilzvergiftungen hat jemand aus Versehen einen Pantherpilz gegessen. Das liegt meist daran, dass der Pantherpilz dem leckeren Perlpilz sehr ähnlich sieht. Ungeübte Sammler greifen da schon einmal daneben. Der Verzehr des kleinen „Giftlings" führt unter anderem zu Bauchschmerzen, Erbrechen und Schweißausbrüchen. Also sei besonders vorsichtig!

Du findest den Pantherpilz zwischen Juli und Oktober in Laub- und Nadelwäldern. Er hat einen bräunlichen Hut, auf dem sich noch kleine weiße Hüllreste befinden, und weiße, eng stehende Lamellen. Sein schlanker Stiel ist weiß und glatt. Wenn du daran schnupperst, riecht der Pilz leicht nach Rettich.

Größe	bis 15 cm
Vorkommen	Europa
Farbe	bräunlich, weiß
Besonderheiten	sehr giftig!

PERLPILZ

Den Perlpilz findest du zwischen Juni und Oktober in Laub- und Nadelwäldern. Du erkennst ihn an seinem etwa 15 Zentimeter breiten Hut ohne Rillen mit grauen oder weißen Flocken. Außerdem hat er rot gefleckte Lamellen und einen deutlichen Ring rund um den Stiel, die sogenannte Manschette.

Das beste Kennzeichen ist jedoch die rötliche Verfärbung des Pilzes, wenn du ihn drückst oder anschneidest. Dadurch kannst du ihn auch von dem sehr giftigen Pantherpilz unterscheiden, der ganz ähnlich aussieht und auch an denselben Standorten zu finden ist.

Den Perlpilz solltest du auf alle Fälle nur in gekochtem Zustand essen. Er schmeckt recht herb, hat aber keinen besonders auffälligen Geruch. Roh ist er ungenießbar und kann zu Magenproblemen führen. Richtig zubereitet gilt er jedoch bei vielen Pilzliebhabern als schmackhafte Delikatesse.

Größe	bis 15 cm
Vorkommen	Europa
Farbe	rotbraun, grauweiß
Besonderheiten	gekocht ein ausgezeichneter Speisepilz

PFIFFERLING

Der Pfifferling ist gut an seiner schönen gelben Farbe zu erkennen. Er leuchtet dir von Knallgelb bis Hellgelb in Laubwäldern entgegen.

Sein verbeulter Hut ist zumeist trichterförmig oder auch wellig verbogen und kann bis zu zehn Zentimeter breit werden.

Der Pfifferling ist ein sehr leckerer Pilz, der von Juni bis November in moosigen Wäldern wächst. Manchmal werden von rücksichtslosen Pilzsammlern auch schon die ganz winzigen Pfifferlinge aus dem Moos gekratzt. Dadurch hat der Pilz aber gar keine Chance mehr, sich zu vermehren. Also, wenn du auf Pfifferlingsuche bist, dann lass die kleinen Pilze noch ein wenig stehen!

Da Pfifferlinge so gut schmecken, sind sie als leckere Beilage sehr beliebt. Bestimmt hast du auch schon mal welche gegessen.

Größe	bis 6 cm
Vorkommen	Europa
Farbe	gelb
Besonderheiten	riecht nach Pfeffer

RIESEN-SCHIRMPILZ

Der Riesenschirmpilz heißt auch Parasol und kommt zwischen Juli und Oktober in Gruppen häufig in Laub- und Nadelwäldern vor. Er ist aber auch auf Wiesen oder an Straßen- und Wegrändern zu finden.

Erkennen kannst du ihn an seinem stattlichen Hut, der bis zu 30 Zentimeter breit wird und mit großen braunen Schuppen besetzt ist. Ausgewachsene Riesenschirmpilze sehen wie aufgespannte Regenschirme aus. Die Hüte der jungen Pilze weisen dagegen eine noch kugel- oder eiförmige Hutform auf.

Die Hüte sind sehr lecker und werden von Pilzliebhabern gern gebraten oder paniert verzehrt. Roh solltest du allerdings keinen Riesenschirmpilz essen, denn dann ist er giftig und du bekommst Bauchschmerzen und Durchfall davon, oder dir wird übel.

Größe	bis 40 cm
Vorkommen	Europa
Farbe	braun, weiß
Besonderheiten	riecht und schmeckt nussig

SCHMETTERLINGSTRAMETE

Die Schmetterlingstramete schlägt ihre Zelte auf totem Holz auf. Da, wo ein Baum vermodert, ist sie nicht weit.

Die Fruchtkörper, von denen häufig mehrere übereinander wachsen, sind lederartig, zäh und ziemlich dünn, sodass sie ein wenig wie kleine hellbraune Fächer oder die Flügel von Schmetterlingen aussehen.

Die Schmetterlingstramete ist ein Schädling, der leider auch lebende Bäume befällt, wenn diese Verletzungen der Rinde aufweisen. Besonders häufig werden Buchen, Birken, Pappeln und Weiden befallen. Sie verursacht dann an diesen Bäumen Weißfäule, die dazu führt, dass schließlich das ganze Holz zersetzt wird.

Die Schmetterlingstramete wächst das ganze Jahr über und du kannst sie leicht im Wald finden.

Größe	bis 8 cm
Vorkommen	Europa
Farbe	braun, weiß
Besonderheiten	ungenießbar

STEINPILZ

Der Steinpilz hat einen dicken, kugeligen Hut und sieht wie ein brauner Regenschirm für Zwerge aus. Er wird auch oft Fichtensteinpilz oder Edelpilz genannt. Du findest ihn von Juli bis Oktober. Er wächst in Laub- und Nadelwäldern zwischen Moos, Heidekraut oder Gras.

Der Steinpilz riecht so richtig appetitlich und schmeckt auch sehr gut. Von den ungenießbaren Pilzen kannst du ihn besonders gut an dem auffallend dicken, weißen Stiel unterscheiden. Wenn du dann eine leckere Portion Steinpilze gesammelt hast, kannst du sie kochen, braten, backen oder sogar roh essen.

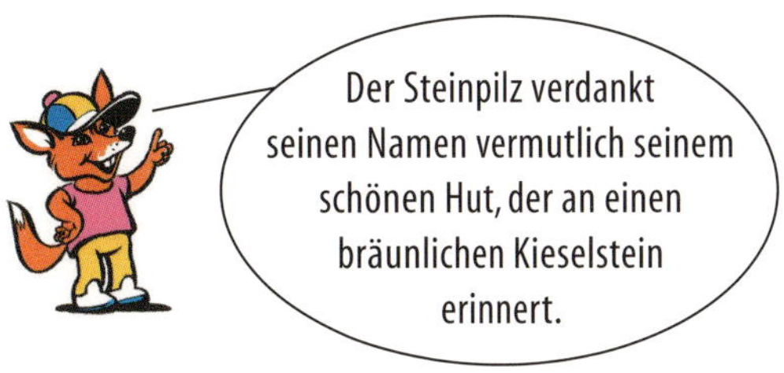

Größe	bis 20 cm
Vorkommen	Europa
Farbe	braun, gelb
Besonderheiten	leckerer Speisepilz

STINKMORCHEL

Was soll man von einem Pilz halten, der Stinkmorchel heißt? Vor allem, wenn du hörst, dass dieser komische Geselle auch noch aus einem „Hexenei" wächst.

Die Stinkmorchel ist ein ziemlich großer Pilz, der aus einem eiförmigen Gebilde herauswächst. Anfangs steckt das Ei fast ganz in der Erde, aber wenn es dann reifer wird, platzt die Hülle auf und innerhalb weniger Stunden entsteht aus dem Ei der Pilz mitsamt Stiel und Hut.

Außen ist der Hut der Stinkmorchel mit einer schleimigen Masse überzogen, die stark süßlich riecht und jede Menge Fliegen anlockt, die dann die Sporen verbreiten. Im Wald kannst du die Stinkmorchel schon lange riechen, bevor du sie überhaupt siehst.

Die Stinkmorchel ist nicht giftig, aber weitgehend ungenießbar. Als ganz junges „Hexenei" kannst du sie allerdings noch essen.

Aber auch beim ausgewachsenen Pilz wird dir die Lust an einer Geschmacksprobe sicherlich vergehen, wenn du ihn erst einmal gerochen hast. Von Juni bis September kannst du schnuppernd im Wald auf Stinkmorchelsuche gehen. Vielleicht entdeckst du aber auch eine in eurem Garten.

Größe	bis 20 cm
Vorkommen	Europa
Farbe	weiß, grün
Besonderheiten	stinkt süßlich

WIESEN-CHAMPIGNON

Der Wiesenchampignon wird auch Feldegerling genannt und ist ein leckerer, kleiner Pilz. Er ist nicht ganz so einfach zu erkennen, weil sich einzelne Exemplare in Form und Farbe häufig beträchtlich unterscheiden. Und da sich Champignons leicht mit dem tödlich giftigen Weißen Knollenblätterpilz verwechseln lassen, muss man bei Sammeln sehr vorsichtig sein.

Den Wiesenchampignon findest du, wie der Name schon sagt, auf Wiesen und Viehweiden. Sieh mal in euren Garten, vielleicht wachsen ja sogar da welche. Wenn es so richtig lange geregnet hat, schießt er manchmal über Nacht aus dem Boden und du wunderst dich am nächsten Tag, wo die Ansammlung kleiner, weißer Pilze so schnell herkommt.

Der Wiesenchampignon ist einer unserer beliebtesten und leckersten Speisepilze, den du bestimmt auch schon einmal gegessen hast.

Größe	bis 8 cm
Vorkommen	Europa
Farbe	weißlich
Besonderheiten	leicht mit dem giftigen Weißen Knollenblätterpilz zu verwechseln

NATUR- UND ARTENSCHUTZ

Unsere Natur ist einzigartig und vor allem empfindlich. Umweltverschmutzung und der Versuch des Menschen, die Natur nach seinen Vorstellungen zu beherrschen, haben viel Schaden angerichtet. Das Gleichgewicht zwischen Pflanzen, Tieren und Menschen ist häufig gestört – leider meistens durch den Einfluss des Menschen.

Das heißt aber nicht, dass nichts für den Erhalt unserer schönen Erde getan wird. Es gibt Naturschutzgebiete, Nationalparks, Landschaftsschutzgebiete, Reservate und sogar Naturdenkmäler. Außerdem haben es sich viele Vereine und Organisationen zur Aufgabe gemacht, die Natur zu schützen und sich für ihren Erhalt einzusetzen.

Du kannst aber auch selbst sehr viel für die Natur tun. Wenn du im Wald oder irgendwo anders im Freien bist, lass keinen Müll herumliegen. Weder Tiere noch Pflanzen können etwas mit deiner leeren Chipstüte anfangen – im Gegenteil, es schadet ihnen! Wenn du Leute siehst, die mit Müll um sich werfen, mache sie darauf aufmerksam. Viele überlegen gar nicht, was sie da tun.

Du kannst der Umwelt auch helfen, indem du beispielsweise Strom und Wasser sparst oder dich öfters mit dem Rad auf den Weg machst, statt dich immer von deinen Eltern mit dem Auto fahren zu lassen.

Wenn du mit offenen Augen durch die Welt gehst, dann werden dir bestimmt immer wieder kleine Dinge auffallen, mit denen du der Natur helfen kannst. Denn eines ist ja klar: Wir haben nur diese eine Erde und wenn wir uns nicht ordentlich um sie kümmern, wird sie irgendwann nicht mehr bewohnbar sein.

Sei also auch du ein kleiner Umweltschützer und mache den Erhalt der Tierwelt und der Natur auch zu deiner Aufgabe.